高等学校教师教育规划教材

数学

三年级

主　编　章　飞
副主编　孙国春　周根龙
编写人员（按姓氏笔画排列）
王兴东　孙孝明　孙国春
杨新建　沈红霞　周根龙
顾新辉　曹建全　曹　斌
章　飞

南京大学出版社

五年制高等师范教材

编写说明

为了适应基础教育课程改革和小学教师教育专业化的需要，2009年我们组织编写了五年制高等师范教材，受到了五年制高等师范师生的欢迎和好评，在师范生培养方面发挥了积极作用。近10年来，五年制高等师范学校发展取得重大突破，办学层次得到了提升。有的五年制高等师范已独立升格为高等师范专科学校，也有的并入本科院校，承担起培养本专科学历小学和幼儿园教师的任务。

党和政府高度重视教师教育和教师队伍建设，不断推出改革举措。近10年来，我国教师教育改革取得了历史性的重大成就。教师的专业化程度不断提升，教师教育体系由封闭走向开放、培养培训分离走向一体化，教师教育模式逐渐多元化，教师教育管理体制从以计划为导向转变为以标准为导向。

自2011年以来，教育部连续发布了教师教育课程标准、中小学幼儿园教师专业标准、“国培计划”课程标准、中小学幼儿园教师培训课程指导标准以及中学、小学、学前教育等专业认证标准，为教师教育诸领域设定了国家标准，对教师的培养、准入、培训、考核进行了规范性建设和引导，成为我国教师教育质量保障体系的有机构成。在完善系列标准的同时，教育部同步开展了中小学教师资格考试和定期注册制度改革试点，并于2017年正式启动实施了师范类专业认证，初步构建起覆盖教师职前培养、入职资格制度到在职专业发展的上下衔接、链条完整的教师教育质量保障体系。

办好人民满意的教育，教师队伍建设是关键；而提高教师教育质量，加强教材建设是重点。为了适应新时代教师教育改革发展的需要，体现时代性、增强针对性，我们对教材进行修订，并作为高等学校教师教育规划教材推出，供培养本专科学历小学和幼儿园教师的院校选用。此套教材，我们在充分调研的基础上，聘请了师范院校具有丰富教学经验和较高学术水平的学科带头人担任学科教材的主编，师范院校从事教学的一线骨干教师共同参与编写，并聘请知名专家对教材初稿进行审定。

欢迎专家学者和广大师生对本套教材提出意见，以便我们继续加以完善。

教材编写委员会

2019年6月

目 录

第十七章

微积分入门

$$\int_a^b f(x)\,dx = F(b) - F(a)$$

章节结构

- 微积分入门
  - 极限思想
    - 数列的极限
    - 函数的极限
    - 函数极限的性质和运算法则
    - 两个重要极限
    - 无穷小和无穷大
    - 函数的连续性
  - 积分思想
    - 曲边梯形的面积
    - 定积分的概念
    - 定积分的性质
  - 微分思想
    - 导数的概念
    - 求导法则
    - 导数的应用
    - 微分及其应用
  - 微分与积分的统一
    - 微积分学基本定理·定积分计算
    - 定积分的应用举例

“在一切理论成就中，未必再有什么像17世纪下半叶微积分的发现那样被看作人类精神的最高胜利了.”

——恩格斯

“它是继Euclid几何之后，全部数学中的一个最大的创造.”

——M. Kline

微积分何以拥有如此高的评价呢？事实上，它提供了一种科学方法，可以全面解决函数的单调、凹凸、光滑等形态以及瞬时变化情况等问题，因而，在现代数学和实际生活中有着广泛的运用.

17.1 极限思想

微积分中几乎所有的概念，如连续、导数、积分，都是用极限来表达的，极限思想贯穿于微积分学的始终.

17.1.1 数列的极限

早在公元 263 年，刘徽在为我国古代数学著作《九章算术》作注释时提出的“割圆术”就含有朴素的极限思想.

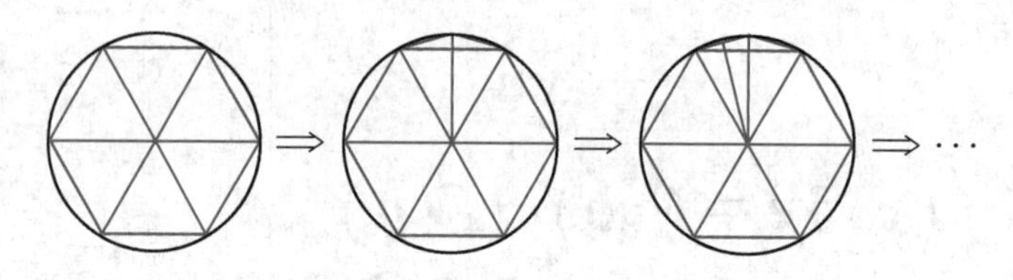

割之弥细，所失弥少，割之又割，以至于不可割，则与圆周合体而无所失矣.

图 17-1-1

刘徽(生卒年不详)，魏晋时代人，是中国数学史上一个非常伟大的数学家，在世界数学史上，也占有杰出的地位.他用割圆术科学地求出了圆周率 $\pi=3.14$ 的结果；他是我国古典数学理论的奠基人之一。他的著作《九章算术注》、《海岛算经》堪称中国传统数学理论的精华，是我国最宝贵的数学遗产.

极限思想，清晰可见。如图17-1-2 中，显然，棒的长度永不为 0，但随着时日推移，会无限趋近于 0.

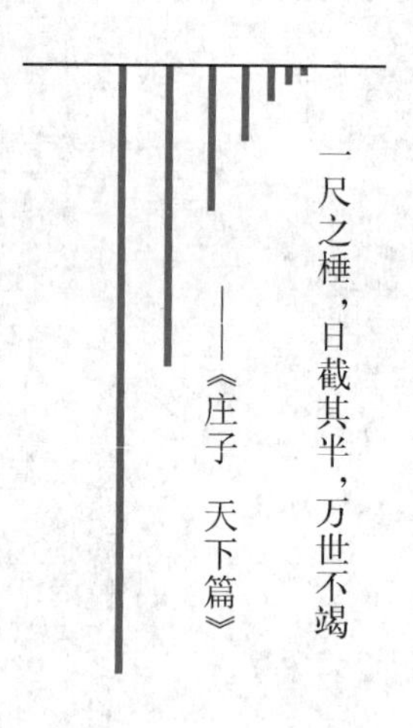

图 17-1-2

也就是说，如果把每天棒的长度按先后次序排列起来，就得到一个无穷数列：

$$\frac{1}{2},\frac{1}{4},\frac{1}{8},\cdots,\frac{1}{2^n},\cdots$$

这个数列的项会随着 n 的无限增大而无限趋近于 0，这时我们就说这个数列的极限为 0.

一般地，我们有

定义 **当项数 n 无限增大时，如果无穷数列 $\{a_n\}$ 的项 a_n 无限趋近于一个常数 A，那么，我们就称 A 是数列 $\{a_n\}$**

的极限，或者称数列$\{a_n\}$收敛于A. 记作$\lim\limits_{n\to+\infty} a_n = A$，或$a_n \to A(n\to\infty)$，读作“当$n$趋向于无穷大时，$a_n$的极限等于$A$”.

如此，上面的例子，就可以写成$\lim\limits_{n\to+\infty} \frac{1}{2^n} = 0$.

这里“lim”是“limit（极限）”的缩写. “→”表示“趋向于”，“$+\infty$”表示“正无穷大”.

例 1　观察下列数列的变化趋势，写出它们的极限：

(1) $1,\ \frac{1}{2},\ \frac{1}{3},\ \frac{1}{4},\ \cdots,\ \frac{1}{n},\ \cdots$;

(2) $\frac{1}{3},\ \left(\frac{1}{3}\right)^2,\ \left(\frac{1}{3}\right)^3,\ \cdots,\ \left(\frac{1}{3}\right)^n,\ \cdots$;

(3) $2,\ \frac{3}{2},\ \frac{4}{3},\ \frac{5}{4},\ \cdots,\ \frac{n+1}{n},\ \cdots$;

(4) $-5,\ -5,\ -5,\ \cdots$.

解　(1) 当n无限增大时，通项$\frac{1}{n}$无限趋近于常数 0. 所以$\lim\limits_{n\to+\infty} \frac{1}{n} = 0$.

(2) 当n无限增大时，$\frac{1}{3^n}$无限趋近于常数 0，所以$\lim\limits_{n\to+\infty} \left(\frac{1}{3}\right)^n = 0$.

(3) 当n无限增大时，$\frac{n+1}{n}$无限趋近于常数 1，即

$\lim\limits_{n\to+\infty} \frac{n+1}{n} = 1$.

(4) 该数列的各项始终都是相同的数-5，显然，当n无限增大时，它的项仍然等于-5. 故此数列的极限为-5，即$\lim\limits_{n\to+\infty}(-5) = -5$.

一般地，常数数列的极限就是这个常数本身. 即

$$\lim_{n\to+\infty} C = C \quad (C\text{ 为常数}).$$

数列有极限时，它的极限是一个确定的常数，它刻画了该数列的变化趋势.

如果一个数列有极限，它的极限值唯一吗？

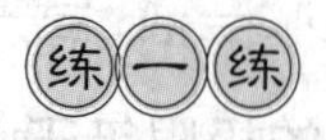

观察下列数列,它们的极限分别是多少?

1. $10,10,10,10,\cdots$;

2. $\frac{1}{2},\frac{2}{3},\frac{3}{4},\frac{4}{5},\cdots,\frac{n}{n+1},\cdots$;

3. $0.1,0.01,0.001,\cdots,\frac{1}{10^n},\cdots$;

4. $1,\frac{2}{5},\frac{1}{5},\frac{2}{17},\cdots,\frac{2}{n^2+1},\cdots$.

是不是每一个无穷数列都有极限呢?先看下面两个例子:

例 2 考察下列数列的变化趋势.

(1) $1,-1,1,-1,\cdots,(-1)^{n+1},\cdots$;

(2) $2,4,6,\cdots,2n,\cdots$.

解 (1) 数列的奇数项为 1,偶数项为-1. 因此,当 n 无限增大时,a_n 随着 n 的变化在-1和 1 这两个数值上跳来跳去,不能无限趋近于某一个确定的常数. 所以,数列 $\{(-1)^{n+1}\}$没有极限.

(2) 当 n 无限增大时,各项的值也无限增大,不能趋近于一个确定的常数,因此这个数列没有极限.

如果一个数列没有"趋近于一个常数"的变化趋势,我们称这个数列没有极限或极限不存在.

也就是说,**并不是每一个无穷数列都有极限**.

例 3 观察下列数列,确定它们的极限.

(1) $1,\frac{1}{4},\frac{1}{9},\cdots,\frac{1}{n^2},\cdots$;

(2) $-\frac{1}{3},\frac{1}{9},-\frac{1}{27},\cdots,(-1)^n\frac{1}{3^n},\cdots$;

(3) $1,\frac{3}{2},\frac{5}{3},\cdots,\frac{2n-1}{n},\cdots$;

(4) $-1,-2,-2^2,-2^3,\cdots,-2^{n-1},\cdots$;

(5) $2,-\frac{1}{2},\frac{4}{3},-\frac{3}{4},\cdots$. 其中 $a_n=\begin{cases}\frac{1+n}{n}, & n\text{ 为奇数},\\ \frac{1-n}{n}, & n\text{ 为偶数}.\end{cases}$

解　(1) 当 n 无限增大时,数列的项$\frac{1}{n^2}$无限趋近于常数 0,从而有 $\lim\limits_{n\to+\infty}\frac{1}{n^2}=0$.

一般地, $\lim\limits_{n\to+\infty}\frac{1}{n^k}=0$　**(**$k>0$,k **为常数).**

(2) 当 n 无限增大时,虽然各项的值是正、负交替,但 $\left(\frac{1}{3}\right)^n=\frac{1}{3^n}$ 无限趋近于 0,从而通项 $(-1)^n\frac{1}{3^n}$无限趋近于 0,即 $\lim\limits_{n\to+\infty}(-1)^n\frac{1}{3^n}=0$.

一般地, $\lim\limits_{n\to+\infty}q^n=0$　$(|q|<1)$.

(3) 将数列的通项 $a_n=\frac{2n-1}{n}$ 改写为 $a_n=2-\frac{1}{n}$,易知,随着 n 无限增大,$\frac{1}{n}$越来越趋向于 0,相应地,数列的项 a_n 无限趋近于常数 2,即

$$\lim_{n\to+\infty}\frac{2n-1}{n}=\lim_{n\to+\infty}\left(2-\frac{1}{n}\right)=2.$$

(4) 显然,当项数 n 无限增大时,数列的项的绝对值也无限增大,它不能无限趋近于一个确定的常数,因此这个数列没有极限.

(5) 观察数列的通项 $a_n=\begin{cases}\frac{1+n}{n}, & n\text{ 为奇数},\\ \frac{1-n}{n}, & n\text{ 为偶数},\end{cases}$ 当 n 无限增大时,数列的奇数项无限趋近于 1,而偶数项无限趋近于-1,因此,a_n 不能无限趋近于某一个确定的常数,该数列没有极限.

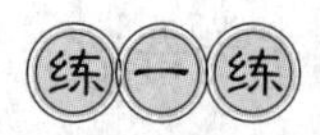

下列数列有极限吗？如果有，请写出它们的极限值.

(1) $1,3,5,7,\cdots,2n+1,\cdots$;

(2) $-\frac{1}{2},\frac{2}{3},-\frac{3}{4},\frac{4}{5},\cdots,(-1)^n\frac{n}{n+1},\cdots$;

(3) $-2,0,-2,0,\cdots,(-1)^n-1,\cdots$;

(4) $0.9,0.99,0.999,0.9999,\cdots,1-\frac{1}{10^n},\cdots$;

(5) $\frac{1}{2},\frac{5}{4},\frac{7}{8},\frac{17}{16},\cdots,1+\left(-\frac{1}{2}\right)^n,\cdots$.

习题 17.1.1

1. 观察下列数列，写出它们的极限.

(1) $2,2,2,2,\cdots$;

(2) $6,\frac{7}{2},\frac{8}{3},\frac{9}{4},\cdots,\frac{n+5}{n},\cdots$;

(3) $\frac{3}{10},\frac{9}{100},\frac{27}{1\,000},\cdots,\left(\frac{3}{10}\right)^n,\cdots$;

(4) $\frac{1}{2},\frac{4}{5},\frac{9}{10},\frac{16}{17},\cdots,\frac{n^2}{n^2+1},\cdots$;

(5) $4.9,5.01,4.999,5.0001,\cdots,5+(-0.1)^n,\cdots$.

2. 下列数列有极限吗？如果有，请写出它们的极限.

(1) $1,4,9,16,\cdots,n^2,\cdots$;

(2) $-\frac{1}{2},\frac{2}{5},-\frac{3}{10},\frac{4}{17},\cdots,(-1)^n\frac{n}{n^2+1},\cdots$;

(3) $-4,2,-4,2,\cdots,3\times(-1)^n-1,\cdots$;

(4) $0.3,0.33,0.333,0.3333,\cdots,\frac{1}{3}\times\left(1-\frac{1}{10^n}\right),\cdots$;

(5) $\frac{4}{5},\frac{26}{25},\frac{124}{125},\frac{626}{625},\cdots,1+\left(-\frac{1}{5}\right)^n,\cdots$;

(6) $-\frac{5}{4},\frac{25}{16},-\frac{125}{64},\frac{625}{256},\cdots,\left(-\frac{5}{4}\right)^n,\cdots$.

自然常数 e 与存款利息

你知道吗？数列 $a_n=\left(1+\frac{1}{n}\right)^n$ 的极限竟与银行存款的复利计算有关！那么什么是复利呢？一般地，存款时的储蓄金额叫作本金，简称本. 储蓄所得到的报酬叫作利息，简称利. 计算利息，常有两种方案：单利和复利. 所谓单利，指无论经过多少期，都用存款作本金，利不生利；而如把每期的利息加入本金作为下一期的本金，这样利上加利的计算，则叫作复利.

举个例子，假设某人把 1 元钱存入银行，假定年利率为 100%，相应地，半年利率为 50%，月利率为 $\frac{1}{12}$. 如果一年复利一次，年终时本利和为 2 元；若半年复利一次，那么第一个半年连本带利为 $1+1\times50\%=1+\frac{1}{2}$（元），第二个半年就要把这 $\left(1+\frac{1}{2}\right)$ 元作为下一期的本金，利上加利，于是年终时本利和应为 $\left(1+\frac{1}{2}\right)\times(1+50\%)=\left(1+\frac{1}{2}\right)^2=2.25$（元）；若每月复利一次，年终时本利和应为 $1\times\left(1+\frac{1}{12}\right)^{12}=2.613\,035$（元）. 若每天复利一次，年终时本利和应为 $1\times\left(1+\frac{1}{365}\right)^{365}=2.714\,567$ 元. 假如，一年计息 n 次，则本利和为 $a_n=\left(1+\frac{1}{n}\right)^n$.

从前面几种情况，可以看出，随着 n 的增加，$a_n=\left(1+\frac{1}{n}\right)^n$ 不断增加. 当 n 无限增大时，$a_n=\left(1+\frac{1}{n}\right)^n$ 的值会不会增大到一个天文数字甚至无穷大呢？下表列出了其中一些具体数值：

n	1	2	3	4	5	6	…
$a_n=\left(1+\frac{1}{n}\right)^n$	2	2.25	2.37	2.441	2.488	2.522	…

n	10	100	1 000	10 000	10 000	…
$a_n=\left(1+\frac{1}{n}\right)^n$	2.593 7	2.704 8	2.716 9	2.718 1	2.718 3	…

可见，随着 n 的增大，$a_n=\left(1+\frac{1}{n}\right)^n$ 增大的速度变得越来越慢. 事实上，数学上可以证明：$\lim\limits_{n\to+\infty}\left(1+\frac{1}{n}\right)^n=e$.

e 是一个无理数，其近似值为 e=2.718 281 828 459 045…，它是数学中最重要的 5 个数之一，具有极重要的地位. 以 e 为底的对数，叫作自然对数，记 $\log_e x=\ln x$，其应用非常广泛.

这 5 个数是 0，1，i，π，e，欧拉公式完美体现它们之间联系：$e^{i\pi}+1=0$.

17.1.2　函数的极限

无穷数列$\{a_n\}$可以看成是定义在正整数集上的函数，即$a_n = f(n)(n=1,2,3,\cdots)$. 因此，数列的极限$\lim\limits_{n\to+\infty} a_n = A$又可写成$\lim\limits_{n\to+\infty} f(n) = A$. 也就是说，当自变量$n$趋近于正无穷大时，相应的函数值$f(n)$无限趋近于一个确定的常数$A$.

一般地，函数$y = f(x)$的自变量x不一定是正整数，这时，如何考虑它的极限呢？

1. 当$x\to\infty$时函数$y = f(x)$的极限

考察函数$f(x) = \dfrac{1}{x}$，从图17－1－3中可以看出，当自变量x取正值且无限增大时，函数$f(x) = \dfrac{1}{x}$的值无限趋近于0. 这时，我们说，当自变量x趋于正无穷大时，函数$y = \dfrac{1}{x}$的极限是0，记作：$\lim\limits_{x\to+\infty} \dfrac{1}{x} = 0$.

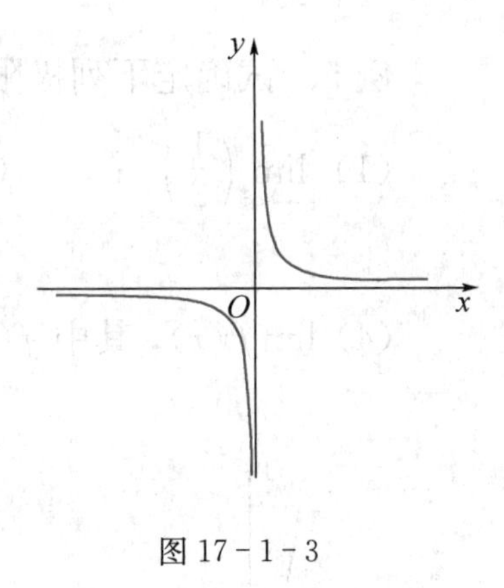

图 17－1－3

定义　**一般地，当x取正值且无限增大时，如果函数$y=f(x)$无限趋近于一个常数A，就称当x趋近于正无穷大时，函数$f(x)$的极限是A，记作$\lim\limits_{x\to+\infty} f(x) = A$（或当$x\to+\infty$时，$f(x)\to A$）.** 读作“当$x$趋向于正无穷大时，$f(x)$的极限是$A$”.

同样，当自变量x取负值且绝对值无限增大，即$x\to-\infty$时，函数$y = \dfrac{1}{x}$的值无限趋近于0，则称当自变量x趋于负无穷大时，函数$y = \dfrac{1}{x}$的极限是0，记作$\lim\limits_{x\to-\infty} \dfrac{1}{x} = 0$.

不论 x 趋于正无穷大还是负无穷大，$y=\dfrac{1}{x}$ 的值都无限趋近于 0，称当自变量 x 趋于无穷大时，函数 $y=\dfrac{1}{x}$ 的极限是 0，记作 $\lim\limits_{x\to\infty}\dfrac{1}{x}=0$.

一般地，有下面的定义：

定义 **若** $\lim\limits_{x\to+\infty}f(x)=\lim\limits_{x\to-\infty}f(x)=A$，**则称** $\lim\limits_{x\to\infty}f(x)=A$.

例 4 对于常数函数 $f(x)=C\ (x\in\mathbf{R})$（C 为常数），显然有

$$\lim_{x\to\infty}f(x)=\lim_{x\to\infty}C=C\quad(C\text{ 为常数}).$$

例 5 试确定下列极限：

(1) $\lim\limits_{x\to+\infty}\left(\dfrac{1}{2}\right)^x$；　(2) $\lim\limits_{x\to+\infty}2^x$；　(3) $\lim\limits_{x\to\infty}\dfrac{1}{x^2}$；

(4) $\lim\limits_{x\to\infty}f(x)$，其中 $f(x)=\operatorname{sgn}x=\begin{cases}1, & x>0,\\ 0, & x=0,\\ -1, & x<0.\end{cases}$

题(4)中函数 $f(x)$ 叫作**符号函数**，记为 $\operatorname{sgn}x$.

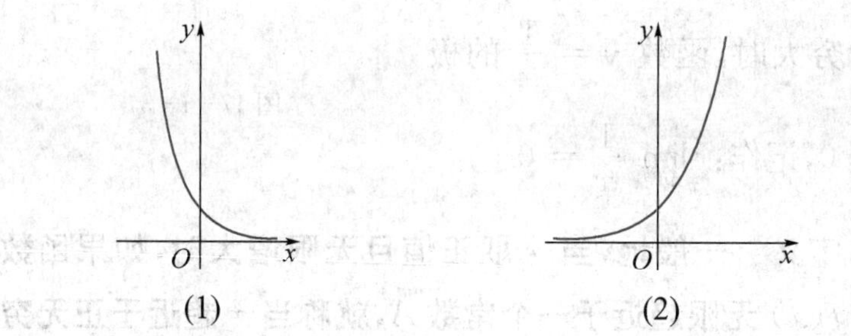
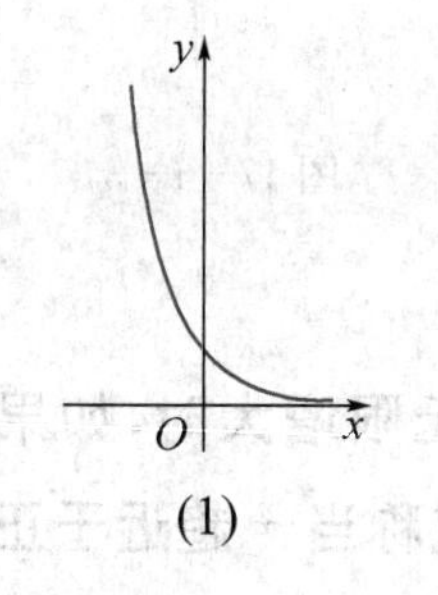

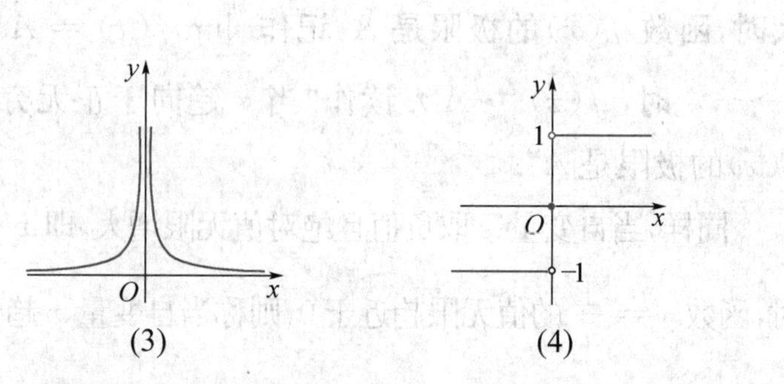
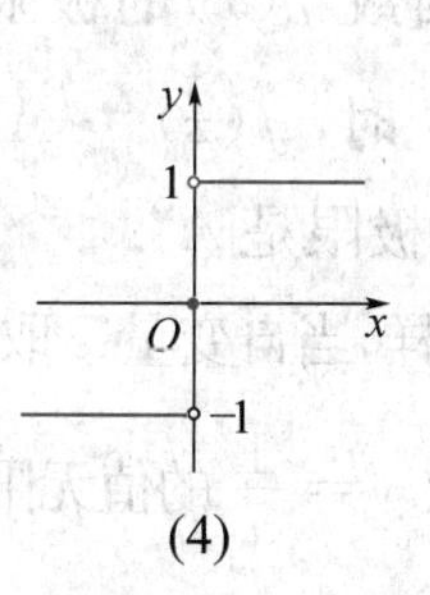

图 17-1-4

解　图 17－1－4 依次是各函数的图象，观察其变化趋势，易知：

(1) 当 $x\to+\infty$ 时，$y=\left(\frac{1}{2}\right)^x$ 无限趋近于 0，即 $\lim\limits_{x\to+\infty}\left(\frac{1}{2}\right)^x=0$；

(2) 当 $x\to+\infty$ 时，$y=2^x$ 无限增大，而不是趋近于一个确定的常数，故极限 $\lim\limits_{x\to+\infty}2^x$ 不存在；

(3) 当 $x\to+\infty$ 时，$y=\frac{1}{x^2}$ 无限趋近于 0，即 $\lim\limits_{x\to+\infty}\frac{1}{x^2}=0$；当 $x\to-\infty$ 时，$y=\frac{1}{x^2}$ 也无限趋近于 0，即 $\lim\limits_{x\to-\infty}\frac{1}{x^2}=0$. 可见，不论 $x\to+\infty$，还是 $x\to-\infty$，总有 $y=\frac{1}{x^2}$ 无限趋近于 0. 所以当 $x\to\infty$ 时，$y=\frac{1}{x^2}$ 无限趋近于 0，即 $\lim\limits_{x\to\infty}\frac{1}{x^2}=0$；

一般地，$\lim\limits_{x\to+\infty}\frac{1}{x^k}=0$　($k>0$，k 为常数).

(4) 这是一个分段函数，其图象是原点和两条不包含端点的射线.

当 $x\to+\infty$ 时，函数 $f(x)$ 的值恒为 1，即 $\lim\limits_{x\to+\infty}f(x)=1$；当 $x\to-\infty$ 时，$f(x)$ 的值恒为 -1，即 $\lim\limits_{x\to-\infty}f(x)=-1$；可见，当 $x\to+\infty$ 与 $x\to-\infty$ 时，$y=\frac{1}{x^2}$ 的变化趋势不相同，从而极限 $\lim\limits_{x\to\infty}\operatorname{sgn}x$ 不存在.

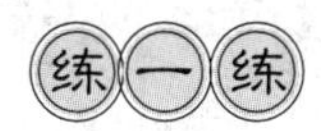

确定下列极限值：

(1) $\lim\limits_{x\to+\infty}0.8^x$；　(2) $\lim\limits_{x\to-\infty}2009^x$；　(3) $\lim\limits_{x\to+\infty}\mathrm{e}^{-x}$；

(4) $\lim\limits_{x\to\infty}\frac{5}{x^3}$；　(5) $\lim\limits_{x\to\infty}\frac{x+1}{x}$；　(6) $\lim\limits_{x\to\infty}\sin x$.

2. 当 $x \to x_0$ 时函数 $f(x)$ 的极限

(1) 左极限和右极限

考察符号函数 $f(x)=\operatorname{sgn} x=\begin{cases}1, & x>0,\\ 0, & x=0,\\ -1, & x<0,\end{cases}$ 当 $x\to 0$ 时函数值的变化趋势.

如图 17-1-4(4)所示,当自变量 x 从点 $x=0$ 处的左边趋向于0(此时 $x<0$,记作 $x\to 0^-$),$\lim\limits_{x\to 0^-}\operatorname{sgn} x=\lim\limits_{x\to 0^-}(-1)=-1$;当 x 从点 $x=0$ 的右边趋向于0(此时 $x>0$,记作 $x\to 0^+$),$\lim\limits_{x\to 0^+}\operatorname{sgn} x=\lim\limits_{x\to 0^+}1=1$.

上述两个极限,分别称为 $f(x)$ 在点 $x=0$ 处的左极限和右极限,通常将左极限和右极限统称为单侧极限.一般地:

> 类似地,请同学们给出函数 $f(x)$ 在点 x_0 处的**右极限**的定义.

定义　如果当 x 从点 $x=x_0$ 的左侧(即 $x<x_0$)无限趋近于 x_0 时(记作 $x\to x_0^-$),函数 $f(x)$ 无限趋近于常数 A,则称 A 为函数 $f(x)$ 在点 x_0 处的左极限,记作

$$\lim_{x\to x_0^-}f(x)=A.$$

例6　求函数 $f(x)=\dfrac{x^2-1}{x-1}$ 在点 $x=1$ 处的左极限、右极限.

解　函数 $y=\dfrac{x^2-1}{x-1}$ 的图象(图 17-1-5)为直线 $y=x+1$ 上去掉点(1, 2),这是因为函数 $y=\dfrac{x^2-1}{x-1}$ 的定义域为 $\{x\mid x\neq 1\}$.

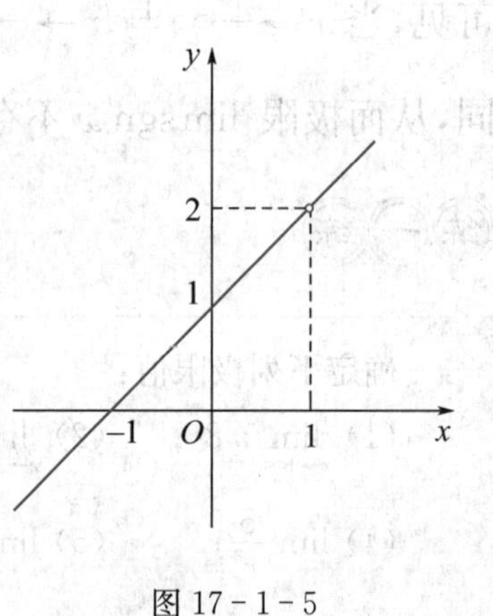

图 17-1-5

观察得到 $\lim\limits_{x\to 1^-}f(x)=\lim\limits_{x\to 1^-}\dfrac{x^2-1}{x-1}=2$,$\lim\limits_{x\to 1^+}f(x)=$

$\lim\limits_{x\to1^{+}}\dfrac{x^2-1}{x-1}=2.$

由例 6 可以看出，不管自变量 x 从哪边靠近 1，函数值都趋近于 2，因此，我们说函数 $f(x)=\dfrac{x^2-1}{x-1}$ 当 $x\to1$ 时的极限值是 2.

(2) 当 $x\to x_0$ 时函数 $f(x)$ 的极限

定义　一般地，如果函数 $f(x)$ 在点 x_0 处左极限和右极限都存在且相等，即有 $\lim\limits_{x\to x_0^{+}}f(x)=\lim\limits_{x\to x_0^{-}}f(x)=A$，则称当 x 趋近于 x_0 时，函数 $y=f(x)$ 的极限是 A，记作 $\lim\limits_{x\to x_0}f(x)=A$（或者当 $x\to x_0$ 时，$f(x)\to A$）.

例 7　讨论下列函数在给定点处的极限.

(1) $f(x)=\begin{cases}x, & x>0,\\ x-1, & x<0,\end{cases}$ 在 $x_0=0$ 处；

(2) $f(x)=\begin{cases}x^2, & x\neq2,\\ 1, & x=2,\end{cases}$ 在 $x_0=2$ 处；

(3) $f(x)=x^2$，在 $x_0=2$ 处.

解　观察图象 17－1－6(1)～(3)，

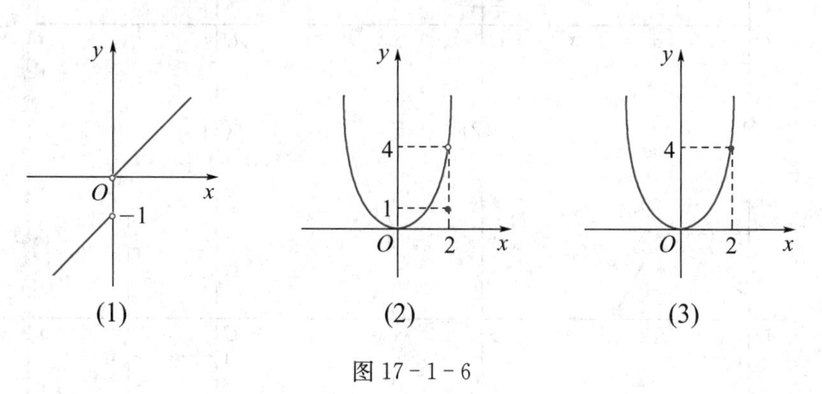

图 17－1－6

(1) 函数 $f(x)=\begin{cases}x, & x>0,\\ x-1, & x<0\end{cases}$ 为分段函数，在 $x=0$ 左右两侧的函数表达式不同，应分段考虑. 而 $\lim\limits_{x\to0^{-}}f(x)=\lim\limits_{x\to0^{-}}(x-1)=-1$，$\lim\limits_{x\to0^{+}}f(x)=\lim\limits_{x\to0^{+}}x=0$，因 $f(x)$ 在 $x=0$ 处左、右极限不等，故 $\lim\limits_{x\to0}f(x)$ 不存在.

(2) 对于 $f(x)=\begin{cases}x^2, x\neq 2,\\ 1,\ x=2,\end{cases}$ 有 $\lim\limits_{x\to 2^-}f(x)=\lim\limits_{x\to 2^-}x^2=4$, $\lim\limits_{x\to 2^+}f(x)=\lim\limits_{x\to 2^+}x^2=4$, 即有 $\lim\limits_{x\to 2}f(x)=\lim\limits_{x\to 2}x^2=4$.

(3) $\lim\limits_{x\to 2^-}x^2=\lim\limits_{x\to 2^+}x^2=\lim\limits_{x\to 2}x^2=4$.

注 1 函数 $f(x)$ 在 $x=x_0$ 处的极限与函数在这点处的函数值无关，与函数在这一点处是否有定义也无关，只与 $x\to x_0$ 的过程中函数值的变化趋势有关，故在点 x_0 处函数 $f(x)$ 的极限反映的只是函数在这点附近的局部性质.

注 2 分段函数在分段点处的极限，一般通过函数在分段点处的左、右极限来判定.

1. 观察下列图象，确定各函数在点 $x=x_0$ 处的左极限、右极限、极限是否存在？如果存在，它们的值各是多少？

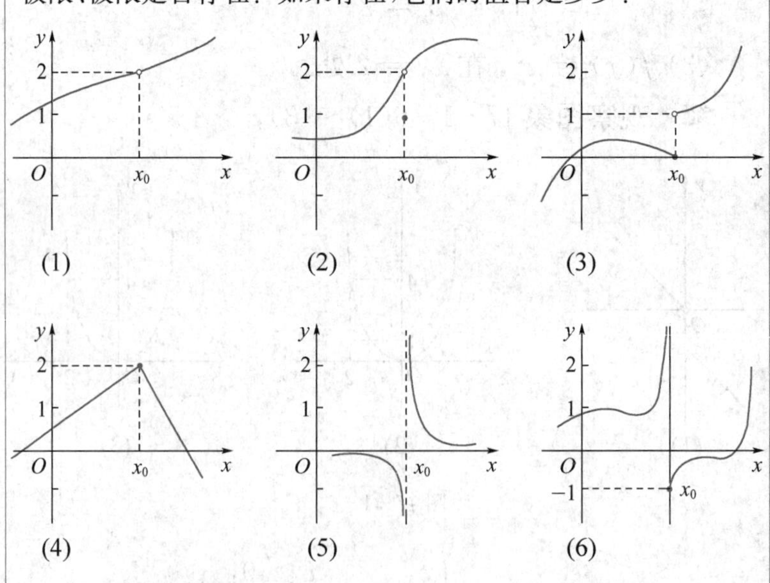

2. 下列函数在给定点处的左极限、右极限的值各是多少？极限值(如果存在的话)又是多少？

(1) $f(x)=|x|$，在 $x=0$ 处；

(2) $f(x)=\begin{cases}x+1, x>0,\\ x-1, x<0,\end{cases}$ 在 $x=0$ 处；

(3) $f(x)=\begin{cases}\dfrac{1}{x}, & x<0,\\ 1, & x\geqslant 0,\end{cases}$ 在 $x=0$ 处；

(4) $f(x)=\dfrac{|x-2|}{x-2}$，在 $x=2$ 处.

习题 17.1.2

1. 根据函数的图象，求下列极限.

(1) $\lim\limits_{x\to+\infty}\left(\dfrac{4}{5}\right)^x$；

(2) $\lim\limits_{x\to-\infty}2^x$；

(3) $\lim\limits_{x\to\infty}\dfrac{1}{x^2-4}$；

(4) $\lim\limits_{x\to-2}\dfrac{3}{2x}$；

(5) $\lim\limits_{x\to-2^+}\sqrt{x+2}$；

(6) $\lim\limits_{x\to3}\dfrac{3x-9}{x-3}$；

(7) $\lim\limits_{x\to\frac{\pi}{2}}\sin x$；

(8) $\lim\limits_{x\to\frac{\pi}{4}}\dfrac{2}{\tan x}$.

2. 下列函数在给定点处的左极限、右极限的值各是多少？极限值(如果存在)又是多少？

(1) $f(x)=\begin{cases}1-x, x>0,\\ 1+x, x<0,\end{cases}$ 在 $x=0$ 处；

(2) $f(x)=2x+1$，在 $x=1$ 处；

(3) $f(x)=\begin{cases}1, & x\leqslant 0,\\ \dfrac{1}{x}, & x>0,\end{cases}$ 在 $x=0$ 处；

(4) $f(x)=\dfrac{|x|}{x}$，在 $x=0$ 处；

(5) $f(x)=\dfrac{x^2-4}{x-2}$，在 $x=2$ 处；

(6) $f(x)=\dfrac{|x-1|}{x-1}$，在 $x=2$ 处.

***3.** 利用计算器，通过计算研究：当 $x\to0$ 时，$f(x)=\dfrac{\sin x}{x}$ 的变化趋势，并猜测极限 $\lim\limits_{x\to0}\dfrac{\sin x}{x}$ 的值.

$\lim\limits_{x\to 0}\frac{\sin x}{x}=1$，这是微积分学中又一个重要极限！

x	0.1	0.01	0.001	0.0001	…
$f(x)=\frac{\sin x}{x}$					

x	−0.1	−0.01	−0.001	−0.0001	…
$f(x)=\frac{\sin x}{x}$					

17.1.3 函数极限的性质和运算法则

1. 函数极限的性质

下面给出函数极限的性质，有兴趣的同学可以自己证明.

定理（唯一性） **若函数 $f(x)$ 有极限，则极限值是唯一的.**

迫敛定理也称为两边夹法则.

定理（迫敛定理） **如果函数 $f(x)$、$g(x)$、$h(x)$ 在 $x=x_0$ 附近有定义，且满足：**

(1) $g(x)\leqslant f(x)\leqslant h(x)$，

(2) $\lim\limits_{x\to x_0}g(x)=\lim\limits_{x\to x_0}h(x)=A$，

那么极限 $\lim\limits_{x\to x_0}f(x)$ **存在，且** $\lim\limits_{x\to x_0}f(x)=A$.

2. 函数极限的四则运算法则

对于一些简单的函数，我们可以通过观察变化趋势来找出它们的极限. 如果函数比较复杂，譬如它是由几个函数经过四则运算而得到，我们还可以借助下面的**四则运算法则**求极限.

定理 **在同一个变化过程中，如果** $\lim f(x)=A$，$\lim g(x)=B$，**那么**

(1) $\lim[f(x)\pm g(x)]=\lim f(x)\pm\lim g(x)=A\pm B$，

(2) $\lim[f(x)\cdot g(x)]=\lim f(x)\cdot\lim g(x)=A\cdot B$，

(3) $\lim\frac{f(x)}{g(x)}=\frac{\lim f(x)}{\lim g(x)}=\frac{A}{B}\quad(g(x)\neq 0, B\neq 0)$.

特别地，有 $\lim[Cf(x)]=C\lim f(x)=CA$ （C 为常数），

$$\lim[f(x)]^n=[\lim f(x)]^n=A^n \quad (n \text{ 为正整数}).$$

以上法则对自变量的各种变化过程：如 $x\to x_0$、$x\to x_0^-$、$x\to x_0^+$、$x\to\infty$、$x\to-\infty$、$x\to+\infty$ 都成立，并且对于数列极限也同样成立.

利用极限的运算法则和一些简单函数的极限，可以求出较为复杂的函数的极限.

例 8 求 $\lim\limits_{x\to 2}(x^2+2x)$.

解 $\lim\limits_{x\to 2}(x^2+2x)=\lim\limits_{x\to 2}x^2+\lim\limits_{x\to 2}2x=4+4=8$.

例 9 求 $\lim\limits_{x\to 1}\dfrac{2x^2-x+1}{x^3+3x^2+1}$.

解
$$\lim_{x\to 1}\frac{2x^2-x+1}{x^3+3x^2+1}=\frac{\lim\limits_{x\to 1}(2x^2-x+1)}{\lim\limits_{x\to 1}(x^3+3x^2+1)}$$
$$=\frac{\lim\limits_{x\to 1}2x^2-\lim\limits_{x\to 1}x+\lim\limits_{x\to 1}1}{\lim\limits_{x\to 1}x^3+\lim\limits_{x\to 1}3x^2+\lim\limits_{x\to 1}1}=\frac{2\times 1^2-1+1}{1^3+3\times 1^2+1}$$
$$=\frac{2}{5}.$$

例 10 求 $\lim\limits_{x\to 4}\dfrac{x^2-16}{x-4}$.

“$\dfrac{0}{0}$”型极限！

解
$$\lim_{x\to 4}\frac{x^2-16}{x-4}=\lim_{x\to 4}\frac{(x-4)(x+4)}{x-4}=\lim_{x\to 4}(x+4)$$
$$=\lim_{x\to 4}x+\lim_{x\to 4}4=4+4=8.$$

例 11 求 $\lim\limits_{x\to\infty}\dfrac{4x^2-2x+1}{3x^2+1}$.

“$\dfrac{\infty}{\infty}$”型极限！

解
$$\lim_{x\to\infty}\frac{4x^2-2x+1}{3x^2+1}=\lim_{x\to\infty}\frac{4-\dfrac{2}{x}+\dfrac{1}{x^2}}{3+\dfrac{1}{x^2}}$$
$$=\frac{\lim\limits_{x\to\infty}\left(4-\dfrac{2}{x}+\dfrac{1}{x^2}\right)}{\lim\limits_{x\to\infty}\left(3+\dfrac{1}{x^2}\right)}=\frac{\lim\limits_{x\to\infty}4-\lim\limits_{x\to\infty}\dfrac{2}{x}+\lim\limits_{x\to\infty}\dfrac{1}{x^2}}{\lim\limits_{x\to\infty}3+\lim\limits_{x\to\infty}\dfrac{1}{x^2}}$$
$$=\frac{4}{3}.$$

例 12 求 $\lim\limits_{n\to\infty}\dfrac{4n^2+n-3}{3n^3+n^2-1}$.

解 $$\lim_{n\to\infty}\frac{4n^2+n-3}{3n^3+n^2-1}=\lim_{n\to\infty}\frac{\frac{4}{n}+\frac{1}{n^2}-\frac{3}{n^3}}{3+\frac{1}{n}-\frac{1}{n^3}}$$

$$=\frac{\lim\limits_{n\to\infty}\left(\frac{4}{n}+\frac{1}{n^2}-\frac{3}{n^3}\right)}{\lim\limits_{n\to\infty}\left(3+\frac{1}{n}-\frac{1}{n^3}\right)}$$

$$=\frac{\lim\limits_{n\to\infty}\frac{4}{n}+\lim\limits_{n\to\infty}\frac{1}{n^2}-\lim\limits_{n\to\infty}\frac{3}{n^3}}{\lim\limits_{n\to\infty}3+\lim\limits_{n\to\infty}\frac{1}{n}-\lim\limits_{n\to\infty}\frac{1}{n^3}}=0.$$

"$\infty-\infty$"型极限!

例 13 求 $\lim\limits_{x\to1}\left(\dfrac{1}{1-x}-\dfrac{3}{1-x^3}\right)$.

解 $$\lim_{x\to1}\left(\frac{1}{1-x}-\frac{3}{1-x^3}\right)=\lim_{x\to1}\frac{1+x+x^2-3}{1-x^3}$$

$$=\lim_{x\to1}\frac{x^2+x-2}{1-x^3}=\lim_{x\to1}\frac{(x-1)(x+2)}{(1-x)(1+x+x^2)}$$

$$=\lim_{x\to1}\frac{-(x+2)}{1+x+x^2}=-1.$$

计算函数极限时,可通过变形,将其转化为已知的简单的函数极限来计算.

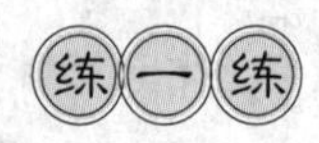

求下列极限:

(1) $\lim\limits_{x\to1}\dfrac{2x^2-x+3}{x+1}$;

(2) $\lim\limits_{x\to-1}\dfrac{x^2-x-2}{x+1}$;

(3) $\lim\limits_{x\to\infty}\left(1+\dfrac{1}{x}\right)\left(2-\dfrac{3}{x}\right)$;

(4) $\lim\limits_{x\to\infty}\dfrac{4x^3-3x^2-2x}{3x^4+x-5}$;

(5) $\lim\limits_{x\to\infty}\dfrac{1-2x+x^5+(3+x)^4}{(3+2x)^5+x-5}$;

(6) $\lim\limits_{x\to2}\left(\frac{1}{x-2}-\frac{4}{x^2-4}\right)$;

(7) $\lim\limits_{n\to\infty}\left(1+\frac{1}{2}+\frac{1}{2^2}+\cdots+\frac{1}{2^n}\right)$.

习题 17.1.3

求下列极限:

(1) $\lim\limits_{x\to1}(3x^2+2x-1)$;

(2) $\lim\limits_{x\to1}\frac{4x^2-3x+2}{x^2+x+1}$;

(3) $\lim\limits_{x\to-2}\frac{x^3+8}{x+2}$;

(4) $\lim\limits_{x\to-1}\frac{x^2-x-2}{x^2+x}$;

(5) $\lim\limits_{x\to\infty}\left(2+\frac{5}{x}\right)\left(1-\frac{3}{2x}\right)$;

(6) $\lim\limits_{x\to\infty}\frac{5x^3-3x-2}{3x^4+x-1}$;

(7) $\lim\limits_{n\to\infty}\frac{4n^3-n+1}{n^3+1}$;

(8) $\lim\limits_{x\to\infty}\frac{1-3x+x^5+(1+3x)^4}{(1+2x)^5+3x}$;

(9) $\lim\limits_{x\to1}\left(\frac{1}{x-1}-\frac{2}{x^2-1}\right)$;

(10) $\lim\limits_{n\to\infty}\frac{1+2^2+3^2+\cdots+n^2}{n^3}$.

(提示:$1+2^2+3^2+\cdots+n^2=\frac{1}{6}n(n+1)(2n+1)$.)

17.1.4 两个重要极限

本节介绍两个重要的极限,它们在极限运算和后续知识的学习中经常用到.

在前面的练习中,我们请同学们通过计算研究:当 $x\to0$ 时,函数 $f(x)=\frac{\sin x}{x}$ 的变化趋势,并猜测极限 $\lim\limits_{x\to0}\frac{\sin x}{x}$ 的值.其证明过程见 P23 阅读材料.

1. $\lim\limits_{x\to 0}\dfrac{\sin x}{x}=1.$

例 14 求极限 $\lim\limits_{x\to 0}\dfrac{\tan x}{x}$.

解 $\lim\limits_{x\to 0}\dfrac{\tan x}{x}=\lim\limits_{x\to 0}\dfrac{\sin x}{x\cos x}=\dfrac{\lim\limits_{x\to 0}\dfrac{\sin x}{x}}{\lim\limits_{x\to 0}\cos x}=\dfrac{1}{1}=1.$

例 15 求极限 $\lim\limits_{x\to 0}\dfrac{\sin 2x}{\sin 3x}$.

解 $\lim\limits_{x\to 0}\dfrac{\sin 2x}{\sin 3x}=\lim\limits_{x\to 0}\left(\dfrac{\sin 2x}{2x}\cdot\dfrac{3x}{\sin 3x}\cdot\dfrac{2}{3}\right)$

$$=\frac{2}{3}\lim_{x\to 0}\frac{\sin 2x}{2x}\cdot\lim_{x\to 0}\frac{3x}{\sin 3x}$$

$$=\frac{2}{3}.$$

一般地,可以推广为 $\lim\limits_{W\to 0}\dfrac{\sin W}{W}=1$, W 可以是任一有意义且趋于 0 的变量. 利用这个极限,可以求出另外一些极限.

例 16 求极限 $\lim\limits_{x\to 0}\dfrac{1-\cos x}{x^2}$.

解 $\lim\limits_{x\to 0}\dfrac{1-\cos x}{x^2}=\lim\limits_{x\to 0}\dfrac{2\sin^2\dfrac{x}{2}}{x^2}=\lim\limits_{x\to 0}\dfrac{1}{2}\left(\dfrac{\sin\dfrac{x}{2}}{\dfrac{x}{2}}\right)^2$

$$=\frac{1}{2}\cdot 1^2=\frac{1}{2}.$$

2. $\lim\limits_{x\to\infty}\left(1+\dfrac{1}{x}\right)^x=\mathrm{e}.$

> 一般地,有 $\lim\limits_{W\to\infty}\left(1+\dfrac{1}{W}\right)^W=\mathrm{e}$. 常可以利用这个重要极限计算“$1^\infty$”型的极限.

根据单调有界及二项展开式原理,可证 $\lim\limits_{n\to+\infty}\left(1+\dfrac{1}{n}\right)^n=\mathrm{e}$.

类似的有, $\lim\limits_{x\to\infty}\left(1+\dfrac{1}{x}\right)^x=\mathrm{e}$.

e 是数学中重要的常数之一,是一个无理数,它的值为 e=2. 718 281 828 459 045…

例 17　求极限

(1) $\lim\limits_{n\to\infty}\left(1+\dfrac{2}{n}\right)^n$；　　(2) $\lim\limits_{x\to\infty}\left(1+\dfrac{1}{3x}\right)^{2x}$.

解　(1) $\lim\limits_{n\to\infty}\left(1+\dfrac{2}{n}\right)^n=\lim\limits_{n\to\infty}\left[\left(1+\dfrac{2}{n}\right)^{\frac{n}{2}}\right]^2=\mathrm{e}^2$.

(2) $\lim\limits_{x\to\infty}\left(1+\dfrac{1}{3x}\right)^{2x}=\lim\limits_{3x\to\infty}\left[\left(1+\dfrac{1}{3x}\right)^{3x}\right]^{\frac{2}{3}}=\mathrm{e}^{\frac{2}{3}}$.

一般地，$\lim\limits_{x\to\infty}\left(1+\dfrac{k}{x}\right)^{mx}=\lim\limits_{x\to\infty}\left[\left(1+\dfrac{k}{x}\right)^{\frac{x}{k}}\right]^{mk}=\mathrm{e}^{mk}$.

例 18　求极限

(1) $\lim\limits_{x\to\infty}\left(1-\dfrac{2}{x}\right)^{5x}$；

(2) $\lim\limits_{x\to 0}(1+3x)^{\frac{1}{x}}$；

(3) $\lim\limits_{x\to\infty}\left(\dfrac{x+1}{x-1}\right)^x$.

解　(1) $\lim\limits_{x\to\infty}\left(1-\dfrac{2}{x}\right)^{5x}=\lim\limits_{x\to\infty}\left\{\left[1+\left(-\dfrac{2}{x}\right)\right]^{-\frac{x}{2}}\right\}^{-10}$

$$=\mathrm{e}^{-10}.$$

(2) 注意这里是 $x\to 0$，若设 $t=\dfrac{1}{x}$ 则 $t\to\infty$，从而有

$$\lim_{x\to 0}(1+3x)^{\frac{1}{x}}=\lim_{t\to\infty}\left(1+\frac{3}{t}\right)^t=\lim_{t\to\infty}\left[\left(1+\frac{3}{t}\right)^{\frac{t}{3}}\right]^3=\mathrm{e}^3.$$

> 一般地，有
>
> $\lim\limits_{x\to 0}(1+x)^{\frac{1}{x}}=\mathrm{e}$
>
> $\lim\limits_{W\to 0}(1+W)^{\frac{1}{W}}=\mathrm{e}$

(3) $\lim\limits_{x\to\infty}\left(\dfrac{x+1}{x-1}\right)^x=\lim\limits_{x\to\infty}\dfrac{\left(1+\dfrac{1}{x}\right)^x}{\left(1-\dfrac{1}{x}\right)^x}$

$$=\frac{\lim\limits_{x\to\infty}\left(1+\dfrac{1}{x}\right)^x}{\lim\limits_{x\to\infty}\left[\left(1-\dfrac{1}{x}\right)^{-x}\right]^{-1}}$$

$$=\frac{\mathrm{e}}{\mathrm{e}^{-1}}=\mathrm{e}^2.$$

1. 求下列极限：

(1) $\lim\limits_{x\to0}\dfrac{\sin 3x}{x}$； (2) $\lim\limits_{x\to0}\dfrac{\sin 2x}{\tan x}$； (3) $\lim\limits_{x\to0}\dfrac{1-\cos 2x}{x\sin x}$.

2. 求下列极限：

(1) $\lim\limits_{n\to\infty}\left(\dfrac{n}{1+n}\right)^{n}$； (2) $\lim\limits_{x\to\infty}\left(1-\dfrac{1}{x}\right)^{2x}$；

(3) $\lim\limits_{x\to\infty}\left(1+\dfrac{2}{x}\right)^{3x}$； (4) $\lim\limits_{x\to\infty}\left(1+\dfrac{1}{x}\right)^{-x}$；

(5) $\lim\limits_{x\to0}(1+x^2)^{\frac{1}{x^2}}$； (6) $\lim\limits_{x\to\infty}\left(\dfrac{x^2-1}{x^2+1}\right)^{x^2}$.

1. 求下列极限：

(1) $\lim\limits_{x\to0}\dfrac{x}{\sin x}$； (2) $\lim\limits_{x\to0}\dfrac{\sin x^2}{x^2}$；

(3) $\lim\limits_{x\to1}\dfrac{\sin(x^2-1)}{x-1}$； (4) $\lim\limits_{x\to0}\dfrac{\sin x}{x+2}$.

2. 求下列极限：

(1) $\lim\limits_{n\to\infty}\left(\dfrac{1+n}{n}\right)^{n}$； (2) $\lim\limits_{x\to\infty}\left(1-\dfrac{1}{x}\right)^{kx}$；

(3) $\lim\limits_{x\to\infty}\left(1-\dfrac{2}{x}\right)^{x}$； (4) $\lim\limits_{x\to\infty}\left(1+\dfrac{1}{x}\right)^{-x+1}$；

(5) $\lim\limits_{x\to0}(1+3x^2)^{\frac{1}{x^2}}$； (6) $\lim\limits_{x\to\infty}\left(\dfrac{x-1}{x+1}\right)^{x+2}$.

$\lim\limits_{x\to 0}\dfrac{\sin x}{x}=1$ 的证明

函数 $f(x)=\dfrac{\sin x}{x}$ 在 $x=0$ 处没有定义，并且当 $x\to 0$ 时，呈“$\dfrac{0}{0}$”型，又不可约，所以不能用极限的运算法则. 我们可以用迫敛定理来证明.

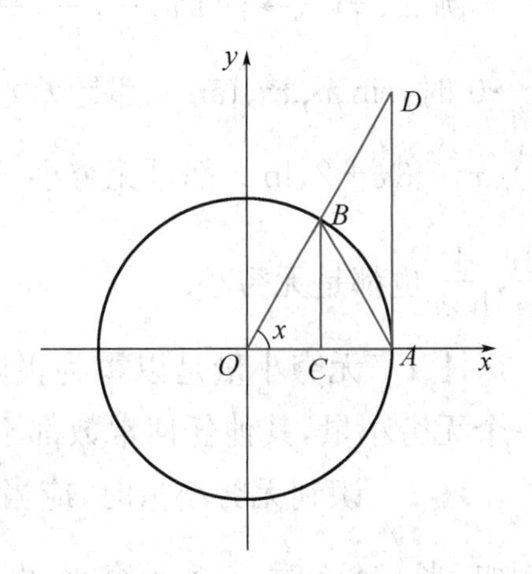

证明　在直角坐标系中作单位圆，如图所示.

设 $\angle AOB=x$，当 $0<x<\dfrac{\pi}{2}$ 时，有：

$S_{\triangle OAB}<S_{扇形OAB}<S_{\triangle OAD}$，

即 $\dfrac{1}{2}\sin x<\dfrac{1}{2}x<\dfrac{1}{2}\tan x$.

由于 $\sin x>0$，两边同除以 $\dfrac{1}{2}\sin x$，可得：

$1<\dfrac{x}{\sin x}<\dfrac{1}{\cos x}$，即 $\cos x<\dfrac{\sin x}{x}<1$.

而 $\dfrac{\sin x}{x}$，$\cos x$ 都是偶函数，故当 $-\dfrac{\pi}{2}<x<0$ 时上式也成立.

于是，当 $0<|x|<\dfrac{\pi}{2}$ 时，总有 $\cos x<\dfrac{\sin x}{x}<1$.

显然，$\lim\limits_{x\to 0}\cos x=1$，$\lim\limits_{x\to 0}1=1$，

由迫敛定理，得 $\lim\limits_{x\to 0}\dfrac{\sin x}{x}=1$.

17.1.5 无穷小和无穷大

我们在求函数极限时，常常碰到极限为零的情形. 这一类函数在微积分中很重要，我们称它为无穷小量.

1. 无穷小量与无穷大量的概念

定义 以零为极限的变量称为无穷小量，简称无穷小.

例如，当 $n\to\infty$ 时，$\frac{1}{n}$，$\frac{1}{n^2}$，$\frac{(-1)^n}{n^2}$ 都是无穷小量；当 $x\to 0$ 时，$\sin x$、x^2、$\tan x$ 都是无穷小量；当 $x\to 1$ 时，$2(x-1)$、x^3-3x+2、$\ln x$ 都是无穷小；当 $x\to+\infty$ 时，$\frac{1}{x^\alpha}(\alpha>0)$，$\frac{1}{e^x}$，$\frac{1}{\ln x}$ 也都是无穷小.

注 1 无穷小量是以零为极限的一个变量. 常数 0 是一个无穷小量，其他任何常数都不是无穷小.

注 2 谈到无穷小量时，应当指明自变量的变化趋势. 例如，当 $x\to\infty$ 时，$\frac{1}{x}$ 为无穷小；而当 $x\to 2$ 时，$\lim\limits_{x\to 2}\frac{1}{x}=\frac{1}{2}$，此时 $\frac{1}{x}$ 就不是无穷小.

根据极限的运算法则和无穷小的定义，可以推出无穷小的运算性质：

(1) 有限个无穷小的和、差、积仍是无穷小；

(2) 无穷小与有界量的乘积仍是无穷小.

例 19 证明：$\lim\limits_{x\to\infty}\frac{\sin x}{x}=0$.

证明 因为 $\frac{\sin x}{x}=\frac{1}{x}\cdot\sin x$，而 $\lim\limits_{x\to\infty}\frac{1}{x}=0$，$|\sin x|\leqslant 1$，

即当 $x\to\infty$ 时，$\frac{\sin x}{x}$ 是无穷小量与有界量的乘积，

你能证明 $\lim\limits_{x\to 0}x\sin\frac{1}{x}=0$ 吗？

所以 $$\lim_{x\to\infty}\frac{\sin x}{x}=0.$$

由于 $\lim\limits_{x\to x_0}f(x)=A$ 等价于 $\lim\limits_{x\to x_0}[f(x)-A]=0$，记 $f(x)-A=\alpha(x)$，则 $\lim\limits_{x\to x_0}f(x)=A$ 等价于 $f(x)=A+\alpha(x)$，其中 $\lim\limits_{x\to x_0}\alpha(x)=0$.

据此，函数极限的问题我们就可以归结为无穷小问题.

观察函数 $f(x)=\dfrac{1}{x}$ 的图象，可知：当 $x\to 0^+$ 时 $f(x)=\dfrac{1}{x}$ 趋向于 $+\infty$；当 $x\to 0^-$ 时 $f(x)=\dfrac{1}{x}$ 趋向于 $-\infty$；当 $x\to 0$ 时 $f(x)=\dfrac{1}{x}$ 趋向于 ∞. 按照函数极限的定义，此时 $f(x)=\dfrac{1}{x}$ 的极限虽然不存在，但变化趋势很明确：趋向于 ∞. 为此，我们给出无穷大的概念.

定义 **如果在自变量的某个变化过程中，函数 $f(x)$ 趋向于 ∞（$-\infty$ 或 $+\infty$），那么称函数 $f(x)$ 为无穷大量，简称无穷大.**

例如，当 $x\to+\infty$ 时，e^x、x^2、$\ln x$ 都是无穷大量；当 $x\to 1$ 时，$\dfrac{2}{x-1}$、$\dfrac{1}{x^3-3x+2}$ 都是无穷大量；当 $n\to\infty$ 时，n^2、$3n-2$ 都是无穷大量；当 $x\to 0^+$ 时，$\dfrac{1}{x}$、$\ln x$ 也都是无穷大量.

借用极限的记号，$\lim\limits_{x\to x_0}f(x)=\infty$ 表示"当 $x\to x_0$ 时，$f(x)$ 是无穷大量"，也说"函数 $f(x)$ 的极限是 ∞"，但这只是为了表达函数的这一种性质，不要引起混淆.

注 在谈到无穷大量时，同样应当指明自变量的变化趋势. 例如，当 $x\to 0$ 时，$\dfrac{1}{x}$ 为无穷大量；而当 $x\to 2$ 时，$\lim\limits_{x\to 2}\dfrac{1}{x}=\dfrac{1}{2}$，此时 $\dfrac{1}{x}$ 就不是无穷大.

由无穷小量与无穷大量的定义得知，它们有如下关系：

(1) **如果 $f(x)$ 为无穷大，则 $\dfrac{1}{f(x)}$ 为无穷小；**

(2) **如果 $f(x)$ 为无穷小，且 $f(x)\neq 0$，则 $\dfrac{1}{f(x)}$ 为无穷大.**

据此，对无穷大的研究也可以归结为对无穷小的研究.

例 20　求 $\lim\limits_{x\to\infty}\dfrac{4x^2-2x+1}{3x^3+1}$.

解

$$\lim_{x\to\infty}\frac{4x^2-2x+1}{3x^3+1}=\lim_{x\to\infty}\frac{\dfrac{4}{x}-\dfrac{2}{x^2}+\dfrac{1}{x^3}}{3+\dfrac{1}{x^3}}$$

$$=\frac{\lim\limits_{x\to\infty}\left(\dfrac{4}{x}-\dfrac{2}{x^2}+\dfrac{1}{x^3}\right)}{\lim\limits_{x\to\infty}\left(3+\dfrac{1}{x^3}\right)}$$

$$=\frac{\lim\limits_{x\to\infty}\dfrac{4}{x}-\lim\limits_{x\to\infty}\dfrac{2}{x^2}+\lim\limits_{x\to\infty}\dfrac{1}{x^3}}{\lim\limits_{x\to\infty}3+\lim\limits_{x\to\infty}\dfrac{1}{x^3}}=\frac{0}{3}=0.$$

例 21　求 $\lim\limits_{x\to\infty}\dfrac{3x^3+1}{4x^2-2x+1}$.

解　由上例 $\lim\limits_{x\to\infty}\dfrac{4x^2-2x+1}{3x^3+1}=0$，有

$$\lim_{x\to\infty}\frac{3x^3+1}{4x^2-2x+1}=\infty.$$

一般地，当 $x\to\infty$ 时，对有理分式函数有以下结论：

$$\lim_{x\to\infty}\frac{a_0x^n+a_1x^{n-1}+\cdots+a_{n-1}x+a_n}{b_0x^m+b_1x^{m-1}+\cdots+b_{m-1}x+b_m}$$

$$=\lim_{x\to\infty}\left(\frac{a_0+\dfrac{a_1}{x}+\cdots+\dfrac{a_{n-1}}{x^{n-1}}+\dfrac{a_n}{x^n}}{b_0+\dfrac{b_1}{x}+\cdots+\dfrac{b_{m-1}}{x^{m-1}}+\dfrac{b_m}{x^m}}\right)\cdot x^{n-m}$$

$$=\begin{cases}0, n<m,\\ \dfrac{a_0}{b_0}, m=n,\\ \infty, n>m.\end{cases}$$

$(a_0 \neq 0, b_0 \neq 0,\ m, n \in \mathbf{N}.)$

1. 判定下列函数是否为指定趋向时的无穷小或无穷大？

(1) $f(x)=2x-4\quad(x\to 2)$；

(2) $f(x)=x\cos\dfrac{1}{x}\quad(x\to 0)$；

(3) $f(n)=q^n\quad(|q|<1)\qquad(n\to+\infty)$；

(4) $f(x)=\tan x\quad\left(x\to\dfrac{\pi}{2}\right)$；

(5) $f(x)=\mathrm{e}^{\frac{1}{x}}\quad(x\to 0^-)$；

(6) $f(x)=\cos x\quad(x\to 0)$.

2. 利用无穷小量的性质，求下列极限：

(1) $\lim\limits_{x\to\infty}\dfrac{\cos x}{x}$；　　(2) $\lim\limits_{x\to 0}x\sin 2x$；

(3) $\lim\limits_{x\to 0}(x+\sin x)$；　　(4) $\lim\limits_{n\to+\infty}\dfrac{\sin(n\pi)}{n}$.

2. 无穷小的比较

当 $x\to 0$ 时，x^2 和 x 都是无穷小量，但显然 x^2 趋近于 0 的速度比 x 趋近于 0 的速度要快. 那什么叫"快"，快到什么程度？又如何刻画呢？为此我们引入了无穷小阶的比较的概念.

定义　设当 $x\to x_0$ 时，$f(x)$、$g(x)$ 均为无穷小，且 $g(x)\neq 0$.

(1) 若 $\lim\limits_{x\to x_0}\dfrac{f(x)}{g(x)}=0$，则称 $f(x)$ 是比 $g(x)$ 高阶的无穷小(或 $g(x)$ 是比 $f(x)$ 低阶的无穷小)，记作 $f(x)=$

$o(g(x))$;

(2) 若 $\lim\limits_{x \to x_0} \dfrac{f(x)}{g(x)} = b \neq 0$, 则称 $f(x)$ 与 $g(x)$ 是同阶无穷小.

特别地,若 $\lim\limits_{x \to x_0} \dfrac{f(x)}{g(x)} = 1$, 则称 $f(x)$ 与 $g(x)$ 是等价无穷小,记作 $f(x) \sim g(x)(x \to x_0)$, 读作"当 $x \to x_0$ 时 $f(x)$ 等价于 $g(x)$".

例如,因为 $\lim\limits_{x \to 0} \dfrac{x^2}{x} = \lim\limits_{x \to 0} x = 0$, 所以当 $x \to 0$ 时,x^2 是 x 的高阶无穷小,即 $x^2 = o(x)$, 这就表示 x^2 比 x 趋近于 0 的速度快;

因为 $\lim\limits_{x \to 1} \dfrac{x^2 - 1}{x - 1} = 2$, 所以,当 $x \to 1$ 时,$x^2 - 1$ 与 $x - 1$ 是同阶无穷小,它们趋近于 0 的速度快慢相当;

由于 $\lim\limits_{x \to 0} \dfrac{\sin x}{x} = 1$, 所以,当 $x \to 0$ 时,x 与 $\sin x$ 是等价无穷小,即 $x \sim \sin x$,也就是说,$\sin x \to 0$ 与 $x \to 0$ 步调一致.

同样,我们有 $\lim\limits_{x \to +\infty} x^\alpha = +\infty (\alpha > 0)$, $\lim\limits_{x \to +\infty} e^x = +\infty$, $\lim\limits_{x \to +\infty} \ln x = +\infty$, 可以证明,当 $x \to +\infty$ 时,$\ln x$、$x^\alpha (\alpha > 0)$、e^x 趋向于 $+\infty$ 的速度越来越快,即指数函数增长最快,幂函数次之,对数函数增长最慢. 对工程技术和社会现象的数学表达,常常归结为这三类函数,其增长速度是我们特别关注的.

例 22 当 $x \to 0$ 时,$2x$、x^2、$\sin x$ 都是无穷小,试比较这三个无穷小的阶.

解 因为 $\lim\limits_{x \to 0} \dfrac{x^2}{2x} = 0$, 所以,当 $x \to 0$ 时,x^2 是比 $2x$ 高阶的无穷小,或说 $2x$ 是比 x^2 低阶的无穷小;

因为 $\lim\limits_{x \to 0} \dfrac{\sin x}{2x} = \dfrac{1}{2} \neq 1$, 所以,$\sin x$ 与 $2x$ 是同阶无穷小,但不是等价无穷小;

因为 $\lim\limits_{x \to 0} \dfrac{x^2}{\sin x} = \lim\limits_{x \to 0} x \cdot \dfrac{x}{\sin x} = 0 \times 1 = 0$, 所以,$x^2$ 是

比 $\sin x$ 高阶的无穷小.

例 23　当 $x \to 0$ 时,比较无穷小量 $1-\cos x$ 与 $\frac{1}{2}x^2$ 的阶.

解　由例 16 有 $\lim\limits_{x\to 0}\dfrac{1-\cos x}{\frac{1}{2}x^2}=1$,所以,当 $x\to 0$ 时,$1-\cos x \sim \frac{1}{2}x^2$. 即当 $x\to 0$ 时,$1-\cos x$ 与 $\frac{1}{2}x^2$ 是等价无穷小.

1. 当 $x\to 0$ 时,下列函数中哪些是 x 的高阶无穷小?哪些是 x 的同阶无穷小?哪些是 x 的等价无穷小?

(1) $x^2+\sin x$;(2) $1-\cos 2x$;(3) $x+\sin x$;(4) $\tan x$.

2. 证明:当 $x\to 0$ 时,$\tan 2x$ 与 $\sin 3x$ 是同阶无穷小.

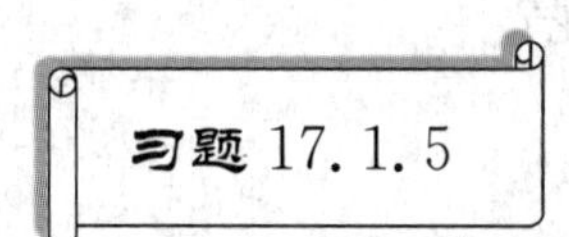

1. 判定下列函数是否为指定趋向的无穷小或无穷大?

(1) $f(x)=2^{-x}-1 \quad (x\to 0)$;

(2) $f(x)=\dfrac{2x+1}{x^2} \quad (x\to 0)$;

(3) $f(n)=\dfrac{n-1}{n} \quad (n\to\infty)$;

(4) $f(x)=\ln x \quad (x\to 0^+)$;

(5) $f(x)=\mathrm{e}^{\frac{1}{x}} \quad (x\to +\infty)$;

(6) $f(x)=\mathrm{e}^{-x} \quad (x\to +\infty)$;

(7) $f(x)=x\sin x \quad (x\to 0)$;

(8) $f(x)=x\sin x \quad \left(x\to \dfrac{\pi}{2}\right)$.

2. 利用无穷小量的性质,求下列极限:

(1) $\lim\limits_{x\to\infty}\dfrac{\cos x}{x^2}$;　(2) $\lim\limits_{x\to 0}x\sin^2 x$;　(3) $\lim\limits_{x\to 0}(x-\sin 2x)$.

3. 当 $x \to 0$ 时,下列函数哪些是 x 的高阶无穷小?哪些是 x 的同阶无穷小?哪些是 x 的等价无穷小?

(1) $x^2 - \sin x$; (2) $1 - \cos x$; (3) $\tan^2 x$.

17.1.6 函数的连续性

生活中充满着大量的运动变化. 在运动变化过程中,量的变化有时是渐变的,如气温、植物的生长等随时间的变化而连续变化;有时会发生突变,例如,沉睡多年的火山突然爆发,随通话时间的增加,手机话费有时作跳跃式的增加. "渐变"与"突变",反映在数学上,就是函数的连续与间断. 那么,如何刻画函数的连续与间断呢?

1. 函数在一点处的连续性

观察图象 17-1-7,直观上看,曲线在点 $x = a$ 处是连续的,而在点 $x = b$ 处是间断的. 而不依赖直观,从函数表达式本身,如何判断其连续与间断呢?

事实上,当 x 趋向于 a 时,$f(x)$ 也趋向于 $f(a)$,即在点 $x = a$ 处函数 $f(x)$ 相对稳定;但在点 $x = b$ 处则不然,在点 $x = b$ 的左侧 $f(x)$ 是稳定的,而在 $x = b$ 右侧与 b 只要有一点点微小的差异,就会导致 $f(x)$ 与 $f(b)$ 有很大的不同,极不稳定. 由此可见连续与间断的不同了!

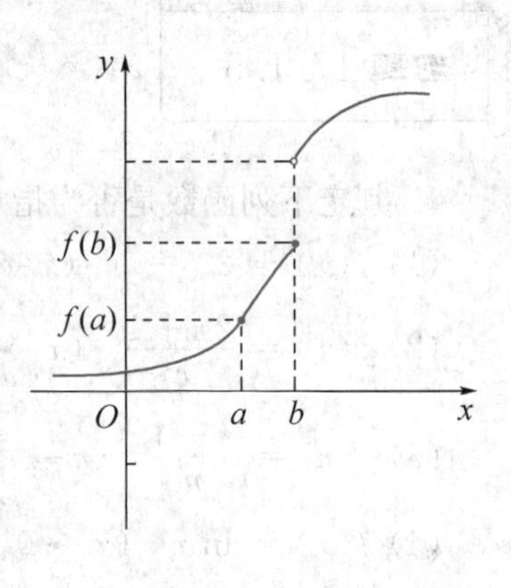

图 17-1-7

如果用 Δx 表示自变量 x 相对于 a 的改变量(或增量),即 $\Delta x = x - a$,则有 $x = a + \Delta x$,相应地,用 Δy 表示函数值 y 的改变量(或增量),则 $\Delta y = f(x) - f(a) = f(a + \Delta x) - f(a)$. 函数 $y = f(x)$ 在 a 处连续,意味着当 Δx 很小时,Δy 也很小;而间断则说明,Δy 不会由于 Δx 的变

小无限变小.用极限来刻画就是:函数 $y=f(x)$ 在 a 处连续 $\Leftrightarrow \lim\limits_{\Delta x\to 0}\Delta y=0 \Leftrightarrow \lim\limits_{x\to a}f(x)=f(a)$. 而在点 $x=b$ 处只有 $\lim\limits_{x\to b^-}f(x)=f(b)$, $\lim\limits_{x\to b^+}f(x)\neq f(b)$.

一般地,有

定义　**设函数 $y=f(x)$ 在点 $x=x_0$ 及其附近有定义,如果 $\lim\limits_{\Delta x\to 0}\Delta y=0$(或 $\lim\limits_{x\to x_0}f(x)=f(x_0)$),那么称函数 $y=f(x)$ 在点 x_0 处连续.**

定义　**如果 $\lim\limits_{x\to x_0^-}f(x)=f(x_0)$(或 $\lim\limits_{x\to x_0^+}f(x)=f(x_0)$),那么称函数 $f(x)$ 在 x_0 处左连续(或右连续).**

显然,**函数 $f(x)$ 在点 x_0 连续的充要条件是 $f(x)$ 在点 x_0 既是左连续又是右连续.**

例 24　证明 $f(x)=3x+2$ 在点 $x=3$ 处连续.

证明　**方法一**　在点 $x=3$ 处,由于

$$\Delta y=f(3+\Delta x)-f(3)$$
$$=[3(3+\Delta x)+2]-11=3\Delta x,$$

故有 $\lim\limits_{\Delta x\to 0}\Delta y=\lim\limits_{\Delta x\to 0}(3\Delta x)=3\lim\limits_{\Delta x\to 0}\Delta x=0$,

所以 $f(x)=3x+2$ 在点 $x=3$ 处连续.

方法二　因为 $\lim\limits_{x\to 3}f(x)=\lim\limits_{x\to 3}(3x+2)=3\lim\limits_{x\to 3}x+2$
$=3\times 3+2=11=f(3)$,

所以 $f(x)=3x+2$ 在点 $x=3$ 处连续.

例 25　观察下列函数的图象,它们在相应点处是否连续?为什么?

(1) $f(x)=x^2$, 在 $x=2$ 处;

(2) $f(x)=\begin{cases}x^2, x\neq 2,\\ 1, x=2,\end{cases}$ 在 $x=2$ 处;

(3) $f(x)=\begin{cases}x, & x>0,\\ x-1, & x\leqslant 0,\end{cases}$ 在 $x=0$ 处;

(4) $f(x)=\dfrac{x^2-1}{x-1}$, 在 $x=1$ 处.

解　显然,从图象可以看出,函数(1)在点 $x=2$ 处是

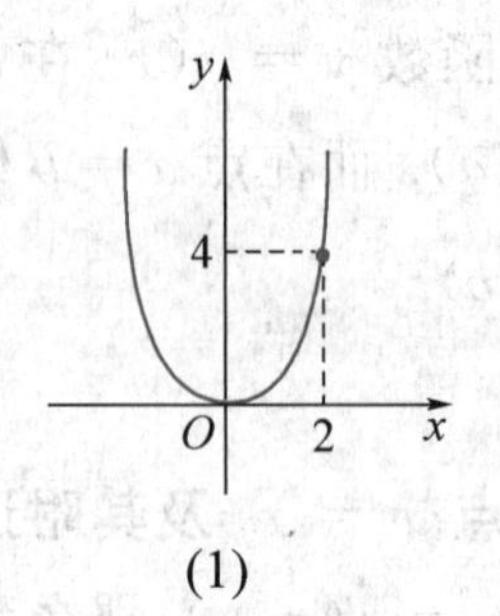

(1)

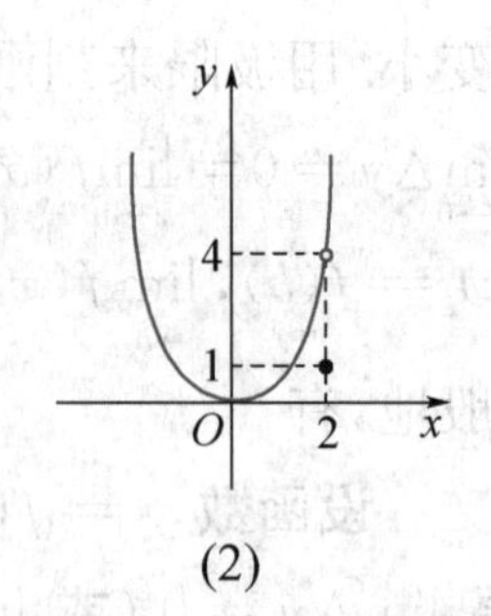

(2)

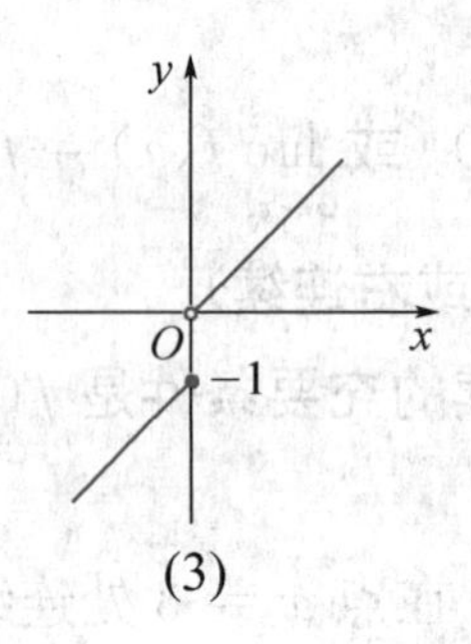

(3)

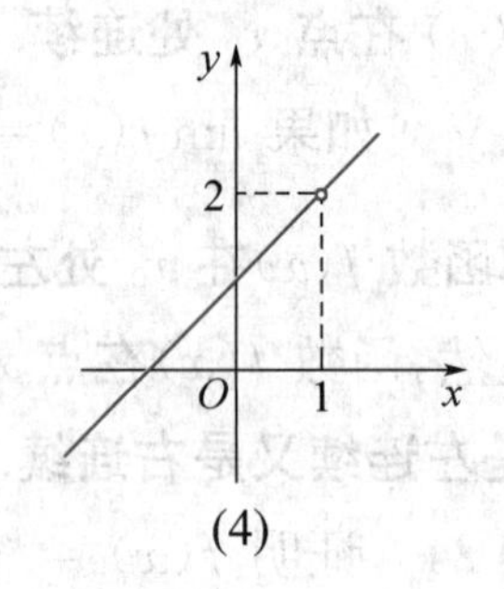

(4)

图 17－1－8

连续的，函数(2)、(3)、(4)在相应点处是断开的，也就是说是不连续的. 究其原因，函数(2)在点 $x=2$ 处的极限值为 4，但不等于函数值 $f(2)=1$；函数(3)在点 $x=0$ 处极限不存在(左、右极限都存在但不相等)；而函数(4)在点 $x=1$ 处没有定义.

一般地，函数 $y=f(x)$ 在点 $x=x_0$ 处连续必须同时满足下面三个条件：

(1) $f(x)$ **在点 x_0 处有定义；**

(2) $\lim\limits_{x\to x_0}f(x)$ **存在；**

(3) $\lim\limits_{x\to x_0}f(x)=f(x_0)$，**即极限值与函数值相等.**

上述三个条件中只要有一个不满足，函数 $f(x)$ 在该处就不连续. 函数 $f(x)$ 的不连续点就叫作它的间断点.

例 26　讨论函数 $f(x)=\dfrac{1}{x}$ 在点 $x=0$ 处的连续性.

当 $x_0\neq 0$ 时，函数 $f(x)=\dfrac{1}{x}$ 在 x_0 处连续吗？

解　因为函数 $f(x)=\dfrac{1}{x}$ 在点 $x=0$ 处没有定义，所以函数 $f(x)=\dfrac{1}{x}$ 在点 $x=0$ 处不连续，$x=0$ 是函数的间断点.

例 27　讨论函数 $f(x)=\begin{cases}\dfrac{\sin x}{x}, x\neq 0,\\ 0, \quad x=0,\end{cases}$ 在点 $x=0$ 处的连续性.

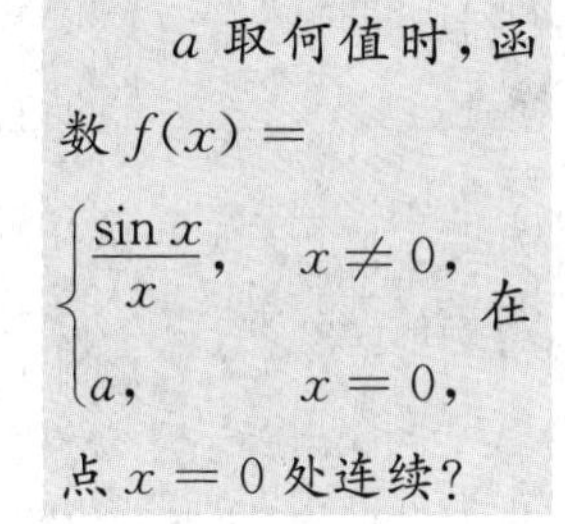

解　因为 $\lim\limits_{x\to 0}f(x)=\lim\limits_{x\to 0}\dfrac{\sin x}{x}=1$，而 $f(0)=0$，所以 $\lim\limits_{x\to 0}f(x)\neq f(0)$. 从而，该函数在点 $x=0$ 处不连续，$x=0$ 是此函数的间断点.

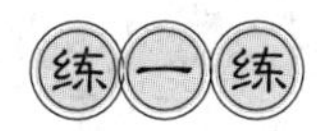

1. 利用函数图象，说明函数在所给点处的连续性.

(1) $f(x)=\dfrac{1}{x^2}$，点 $x=0$；

(2) $f(x)=|x-2|$，点 $x=2$.

2. 证明

(1) 函数 $f(x)=x^3+1$ 在点 $x=2$ 处连续.

(2) 函数 $f(x)=\begin{cases}x+1, & x\leqslant 0,\\ e^x, & x>0.\end{cases}$ 在点 $x=0$ 处连续.

2. 函数在区间上的连续性

一般说来，间断是针对个别点而言的；而谈到连续，往往是指在一个范围内函数的图象连绵不断，换句话说，可以在笔不离开纸面的情况下一笔画出这条曲线. 为此，我们给出函数 $f(x)$ 在一个区间上连续的定义.

定义　**如果函数 $f(x)$ 在某一开区间 (a, b) 内每一点处都连续，就说函数 $f(x)$ 在开区间 (a, b) 内连续，或称函数 $f(x)$ 为区间 (a, b) 内的连续函数，区间 (a, b) 称为函数 $f(x)$ 的连续区间.**

如果函数 $f(x)$ 在开区间 (a, b) 内连续，在左端点 $x=a$ 处右连续，在右端点 $x=b$ 处左连续，就称函数 $f(x)$ 在闭区间 $[a, b]$ 上连续.

如函数 $f(x)=\dfrac{1}{x}$ 在开区间$(0,1)$内连续，在开区间$(-1,1)$内不连续，在半开区间$(0,2]$上连续，在闭区间$[1,2]$上连续.

例 28　证明函数 $y=\sin x$ 在$(-\infty,+\infty)$内连续.

证明　$\Delta y=\sin(x_0+\Delta x)-\sin x_0$

$$=2\sin\frac{\Delta x}{2}\cdot\cos\frac{2x_0+\Delta x}{2},$$

因为 $\left|\cos\dfrac{2x_0+\Delta x}{2}\right|\leqslant 1,\lim\limits_{\Delta x\to 0}\sin\dfrac{\Delta x}{2}=0$,

所以 $\lim\limits_{\Delta x\to 0}\Delta y=0$.

所以 $y=\sin x$ 在点 x_0 连续.

由 x_0 的任意性可知，$y=\sin x$ 在$(-\infty,+\infty)$内连续.

同理可证，$y=\cos x$ 在$(-\infty,+\infty)$内连续.

3. 初等函数的连续性

观察函数图象可知，基本初等函数：常数函数 $y=C$（C 为常数）、幂函数 $y=x^\alpha(\alpha\in\mathbf{R})$、指数函数 $y=a^x(a>0$ 且 $a\neq 1)$、对数函数 $y=\log_a x(a>0$ 且 $a\neq 1)$ 以及三角函数和反三角函数，它们在定义域内都是连续不间断的曲线，所以有以下结论：

定理　**基本初等函数在其定义域内都是连续的.**

根据函数连续的定义及极限的运算法则，我们有：

定理　**如果函数 $f(x)$，$g(x)$在 x_0 处都连续，那么它们的和、差、积、商（分母不为零）在该点处也连续.**

定理　**设函数 $u=\varphi(x)$ 在点 $x=x_0$ 处连续，且 $u_0=\varphi(x_0)$，函数 $y=f(u)$ 在点 u_0 处连续，那么，复合函数 $y=f(\varphi(x))$ 在点 $x=x_0$ 处连续.**

例如，函数 $u=\sin x$ 在 $x=\dfrac{\pi}{3}$ 处连续，当 $x=\dfrac{\pi}{3}$ 时，$u=\dfrac{\sqrt{3}}{2}$；函数 $y=\ln u$ 在 $u=\dfrac{\sqrt{3}}{2}$ 处连续；显然，复合函数

$y=\ln\sin x$ 在 $x=\frac{\pi}{3}$ 处也连续.

由于初等函数是由基本初等函数通过有限次的四则运算和复合而成的,所以

定理 **一切初等函数在其定义区间内都是连续的.**

如, $y=\sin x+e^x$、$y=e^x\sin x$、$y=\frac{\sin x}{e^x}$ 在其定义区间内都是连续函数.

由此定理可知,初等函数的连续区间就是它的定义区间,简单易求,且连续区间内任一点处的极限值就是该点处的函数值.这样,计算一些函数的极限就变得十分简单了.

例 29 讨论函数 $f(x)=\begin{cases}3-x, & x\leqslant 1,\\ x^2+3, & x>1,\end{cases}$ 的连续性.

解 $f(x)$在$(-\infty, 1)$和$(1, +\infty)$上都连续的,在分段点 $x=1$ 处, $\lim\limits_{x\to 1^-}f(x)=\lim\limits_{x\to 1^-}(3-x)=2=f(1)$, $\lim\limits_{x\to 1^+}f(x)=\lim\limits_{x\to 1^+}(x^2+3)=4\neq f(1)$,

所以函数 $f(x)$在 $(-\infty, 1]$ 上连续,在$(1, +\infty)$ 上也连续,但在 $(-\infty, +\infty)$ 上不连续.

例 30 求极限 $\lim\limits_{x\to 2}\frac{e^x\sin x+5}{x^2+\ln x}$.

解 因为初等函数 $y=\frac{e^x\sin x+5}{x^2+\ln x}$ 的定义区间为$(0, +\infty)$,所以在 $x=2$ 这一点连续,它在 $x=2$ 这点的极限等于它在这点的函数值,即有

$$\lim_{x\to 2}\frac{e^x\sin x+5}{x^2+\ln x}=\frac{e^2\sin 2+5}{2^2+\ln 2}=\frac{e^2\sin 2+5}{4+\ln 2}.$$

例 31 求极限 $\lim\limits_{x\to\frac{\pi}{2}}[\ln(\sin x)]$.

解 由复合函数的连续性知, $\ln(\sin x)$ 在点 $x=\frac{\pi}{2}$ 处连续,

所以 $\lim\limits_{x\to\frac{\pi}{2}}[\ln(\sin x)]=\ln\left(\sin\frac{\pi}{2}\right)=\ln 1=0.$

例 32 求极限 $\lim\limits_{x\to 0}\frac{\ln(1+x)}{x}$.

解 $\frac{\ln(1+x)}{x}=\ln(1+x)^{\frac{1}{x}}$ 在 $x=0$ 处不连续(无定义).

设 $(1+x)^{\frac{1}{x}}=u$，当 $x\to 0$ 时，由 $\lim\limits_{x\to 0}u=\lim\limits_{x\to 0}(1+x)^{\frac{1}{x}}=\mathrm{e}$；由函数 $\ln x$ 的连续性，有 $\lim\limits_{x\to 0}\frac{\ln(1+x)}{x}=\lim\limits_{x\to 0}\ln(1+x)^{\frac{1}{x}}=\ln[\lim\limits_{x\to 0}(1+x)^{\frac{1}{x}}]=\ln \mathrm{e}=1.$

1. 求下列函数的连续区间，并说明理由.

(1) $y=\frac{1}{x+3}$；　(2) $y=x\cos\frac{1}{x}$；

(3) $y=\frac{x^2-1}{x^2-3x+2}$；　(4) $f(x)=\begin{cases}x+1, x\leqslant 1,\\ 4-x, x>1.\end{cases}$

2. 求下列极限：

(1) $\lim\limits_{x\to 0}\frac{\ln(1+x)}{\cos(1+x)}$；　(2) $\lim\limits_{x\to 0}\sqrt{1+2x-x^2}$.

4. 闭区间上连续函数的性质

闭区间上连续的函数有许多重要的性质. 这些性质的几何意义十分明显.

在日常生活中常有这样的体会. 例如，一天的气温变化，总有两个时刻分别达到最高温度和最低温度.

(1) **最大值和最小值定理** **闭区间上的连续函数在该区间上一定有最大值和最小值.**

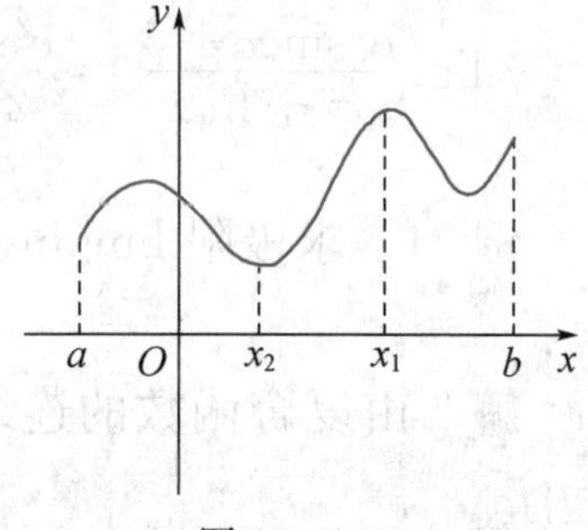

图 17－1－9

如图 17－1－9 所示，闭区间 $[a, b]$ 上的连续函数的图象是一条连绵不断的曲线，必有一个最高点和一个最低点. 图中在 x_1、x_2 两点处的函数值分别是最大值和最小值.

推论（有界性定理）　**闭区间上的连续函数在该区间上一定有界.**

显然，函数 $f(x)$ 的最大值 M 和最小值 m 分别是它的上界和下界. 即对一切 $x \in [a, b]$，总有 $m \leqslant f(x) \leqslant M$.

(2) 介值定理　**在闭区间上的连续函数必取得介于最小值 m 与最大值 M 之间的一切值.**

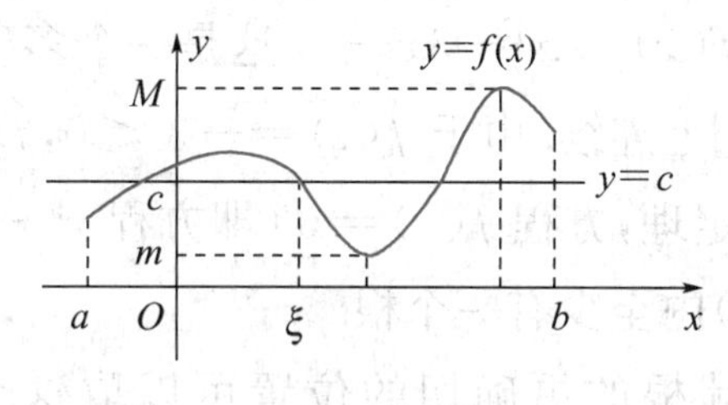

图 17-1-10

如图 17-1-10 所示，函数 $y = f(x)$ 在 $[a, b]$ 上连续，c 为介于最小值 m 与最大值 M 之间的实数，即 $m < c < M$，则至少存在一点 $\xi \in (a, b)$，使得 $f(\xi) = c$.

从几何直观上可以看出，直线 $y = c$ 与连续曲线 $y = f(x)$ 至少有一个交点.

推论（零点定理）　**设函数 $y = f(x)$ 在 $[a, b]$ 上连续，且 $f(a)$ 与 $f(b)$ 异号（即 $f(a) \cdot f(b) < 0$），则至少有一点 $\xi \in (a, b)$，使得 $f(\xi) = 0$，即 $f(x)$ 在 (a, b) 内至少有一个零点.**

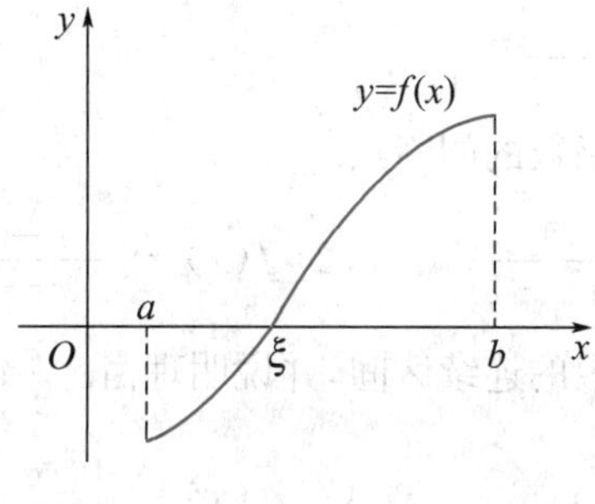

图 17-1-11

$f(x)$ 在 (a, b) 内至少有一个零点，也说方程 $f(x) = 0$ 在区间 (a, b) 内至少有一个实根. 故零点定理也称为根的存在定理.

从几何直观上看(如图 17-1-11)，曲线的两个端点处的函数值异号，这说明两端点位于 x 轴的两侧，显然，这条连续曲线至少要与 x 轴相交一次. 即在 x 轴上至少有一个点 ξ 成为函数的零点 $(f(\xi)=0)$.

这个结果，在确定方程的根时十分有用，尽管它仅指出实根的存在性而没有具体求出方程的实根，但能估计其大概位置.

例 33 证明方程 $x^5-3x-1=0$ 在区间 $(1,\ 2)$ 内至少有一个根.

解 设 $f(x)=x^5-3x-1$，这是一个多项式函数，在闭区间 $[1,\ 2]$ 上连续. 由于 $f(1)=-3<0$，$f(2)=25>0$. 根据零点定理，方程 $f(x)=0$ (即方程 $x^5-3x-1=0$) 在区间 $(1,\ 2)$ 内至少有一个根.

若要估计根的更确切的位置可以取这个区间的中点，得到两个小区间. 在两个小区间上如法炮制，可以将根的范围缩小. 如此不断，逐步逼近，可以求出根的近似值.

1. 证明方程 $e^x-x=2$ 在区间 $(0,\ 2)$ 内至少有一个根.
2. 证明方程 $x\cdot 2^x-1=0$ 在区间 $(0,\ 1)$ 内至少有一个根.

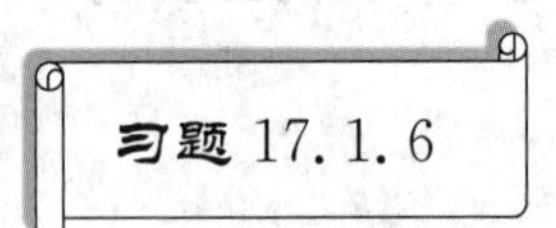

1. 指出下列函数的间断点.

(1) $f(x)=\dfrac{1}{x^2-1}$；　　(2) $f(x)=\dfrac{|x-2|}{x-2}$.

2. 求下列函数的连续区间，并说明理由.

(1) $y=\dfrac{\sin x}{x}$；　　(2) $f(x)=\begin{cases}x, & |x|\leqslant 1,\\ 1, & |x|>1;\end{cases}$

(3) $f(x)=\begin{cases}x^2, & 0\leqslant x\leqslant 1,\\ 2-x, & 1<x<2.\end{cases}$

3. 求下列函数的极限：

(1) $\lim\limits_{x\to\frac{\pi}{2}}\dfrac{\cos x+1}{x+\dfrac{\pi}{2}}$；　　(2) $\lim\limits_{x\to\frac{1}{2}}\left[\dfrac{x}{2}\ln\left(1+\dfrac{1}{x}\right)\right]$.

4. 若 $\lim\limits_{x\to 0}f(x)=1$，且 $f(x)$ 在 $x=0$ 处连续，求 $f(0)$ 的值.

5. a 为何值时，下列函数在定义区间上连续？

(1) $f(x)=\begin{cases}ax^2+1, & 0\leqslant x\leqslant 1,\\ 1-2x, & 1<x\leqslant 4.\end{cases}$

(2) $f(x)=\begin{cases}x^2-1, & 0\leqslant x\leqslant 1,\\ 1+ax, & x>1.\end{cases}$

6. 证明方程 $x-2\sin x=0$ 在区间 $\left(\dfrac{\pi}{2},\pi\right)$ 内至少有一个实根.

17.2 积分思想

积分思想源于求图形的面积、几何体的体积、变速直线运动的路程等实际问题. 积分的思想方法，在阿基米德用穷竭法计算抛物线弓形的面积、刘徽用割圆术求圆的面积时就已经显现出来了.

17.2.1 曲边梯形的面积

对于规则图形，如三角形、矩形、梯形等直线形和圆的面积，我们都会求，而对于如图 17－2－1 所示的不规则图形的面积，如何求呢？

图 17－2－1 中，它有一边是曲线 $y=f(x)$ 上的一段. 我们把由直线 $x=a$，$x=b(a\neq b)$，$y=0$（x 轴）和曲线 $y=f(x)$ 所围成的图形叫作曲边梯形. 如何求曲边梯形的面积？

刘徽用割圆术求圆的面积时，是用正多边形逼近圆的

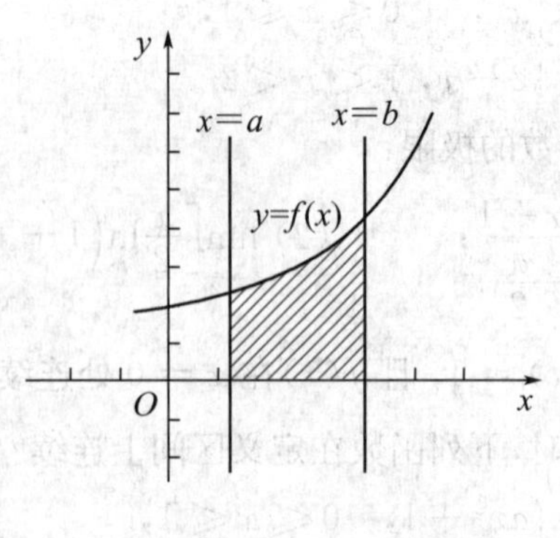

图 17-2-1

方法.首先,以直代曲,用小三角形面积代替小扇形面积.以正多边形面积作为圆的面积的近似值,然后扩大正多边形边数,逐步逼近,即取极限.刘徽"割圆术"中"以直代曲","取极限"已经初具积分思想.我们以一个具体的例子,细说以上"积分思想".

例 1　求由抛物线 $y=x^2$,x 轴及直线 $x=1$ 所围成的图形(图 17-2-2)的面积.

解　(1) **分割**　先在 x 轴上把从 $x=0$ 到 $x=1$ 的区间$[0,1]$划分为 n 等份,各分点依次为 $x_0=0,x_1=\frac{1}{n}$,

$x_2=\frac{2}{n},\cdots,x_k=\frac{k}{n},\cdots,$

$x_n=\frac{n}{n}=1.$

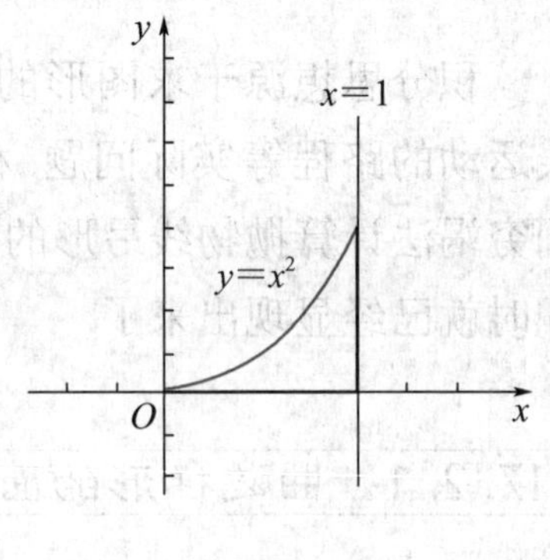

图 17-2-2

再通过每个分点作 x 轴的垂线,将曲边梯形分为 n 个更小的、狭长的小曲边梯形.

(2) **近似代替**　将每个小曲边梯形用对应的那个狭长的小矩形代替(以直代曲).每个狭长小矩形的宽度等于 $\frac{1}{n}$,高度不妨取该小曲边梯形的右上方那个定点的高度.具体地,第 1 个小矩形下底的右端点横坐标为 $\frac{1}{n}$,对应的

函数值为 $y=\left(\frac{1}{n}\right)^2$，因而取小矩形的高为$\left(\frac{1}{n}\right)^2$，第1个小矩形的面积为$\frac{1}{n}\cdot\left(\frac{1}{n}\right)^2$；同理，第2个小矩形的面积为$\frac{1}{n}\cdot\left(\frac{2}{n}\right)^2$；第3个小矩形的面积为$\frac{1}{n}\cdot\left(\frac{3}{n}\right)^2$；…；第 n 个小矩形的面积为$\frac{1}{n}\cdot\left(\frac{n}{n}\right)^2$.

(3) **求和** n 个小矩形面积的和 A_n 就是整个曲边梯形面积 A 的近似值：

$$\begin{aligned}A_n &= \frac{1}{n}\cdot\left(\frac{1}{n}\right)^2+\frac{1}{n}\cdot\left(\frac{2}{n}\right)^2+\frac{1}{n}\cdot\left(\frac{3}{n}\right)^2+\cdots+\\ &\quad \frac{1}{n}\cdot\left(\frac{n}{n}\right)^2\\ &= \frac{1}{n^3}\cdot(1^2+2^2+3^2+\cdots+n^2)\\ &= \frac{1}{n^3}\cdot\frac{n(n+1)(2n+1)}{6}=\frac{1}{3}+\frac{1}{2n}+\frac{1}{6n^2}.\end{aligned}$$

$$1^2+2^2+3^2+\cdots+n^2=\frac{n(n+1)(2n+1)}{6}.$$

(4) **取极限** 显然，把$[0, 1]$分得越细，即当 n 越来越大时，小曲边梯形就会越来越细（即图形分划出的竖条越来越狭窄），上述近似值就越来越接近原图形面积的精确值.

因此，当 n 趋于无穷大时，A_n 的极限就是抛物线弓形的面积 A，

$$\begin{aligned}A &= \lim_{n\to\infty}A_n=\lim_{n\to\infty}\sum_{i=1}^{n}\left(\frac{i}{n}\right)^2\cdot\frac{1}{n}\\ &= \lim_{n\to\infty}\left(\frac{1}{3}+\frac{1}{2n}+\frac{1}{6n^2}\right)=\frac{1}{3}.\end{aligned}$$

对于一般的曲边梯形（图 17-2-3），可以类似求解：

(1) **分割** 用分点 $a=x_0<x_1<\cdots<x_n=b$ 把区间$[a, b]$分割成许多小区间$[x_{i-1}, x_i]$$(i=1,2,\cdots,n)$，将整个曲边梯形分成 n 个小曲边梯形，其面积记为 $\Delta A_i$$(i=1,2,\cdots,n)$.

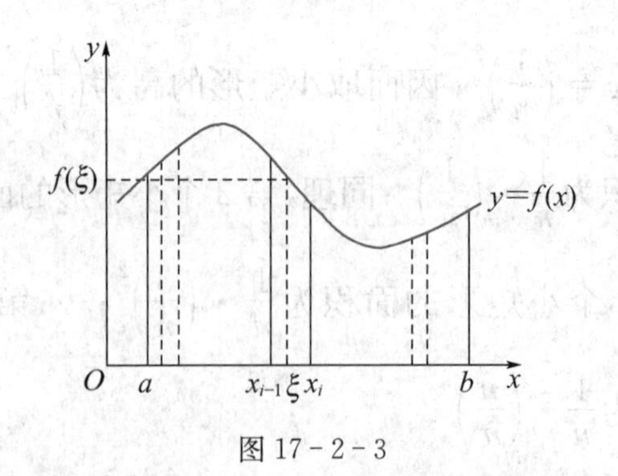

图 17-2-3

(2) **近似代替** 在每个小区间$[x_{i-1},\ x_i]$上任意取一点ξ_i，以$f(\xi_i)$为高，底边为$\Delta x_i(=x_i-x_{i-1})$的小矩形的面积为$f(\xi_i)\Delta x_i$，它可作为同底的小曲边梯形的近似值，即$\Delta A_i=f(\xi_i)\Delta x_i(i=1,2,\cdots,n)$.

(3) **求和** 把小矩形的面积加起来，就得到整个曲边梯形面积A的近似值：$A\approx\sum_{i=1}^{n}\Delta A_i=\sum_{i=1}^{n}f(\xi_i)\Delta x_i$.

同样的方法，我们可以求变速直线运动的路程. 请看本节的阅读材料！

(4) **取极限** 增加分点个数，使得每个小区间的长度Δx_i都趋于零，此时和式$\sum_{i=1}^{n}f(\xi_i)\Delta x_i$的极限便是所求曲边梯形面积$A$的精确值，即$A=\lim_{\lambda\to0}\sum_{i=1}^{n}f(\xi_i)\Delta x_i,\lambda=\max_{1\leqslant i\leqslant n}\{\Delta x_i\}$.

可见：曲边梯形的面积为一个和式的极限.

积分符号由"Sum"(和)中的S拉长变形得到，说明积分源于求和. 莱布尼兹创立了微积分的符号体系.

积分学中，这个**曲边梯形的面积**就是**函数**$f(x)$**从**a**到**b**的积分**. 用特定的符号$S=\int_a^b f(x)\mathrm{d}x$来表示，其中$\int$称为积分符号，$b$和$a$分别称为积分的上限和下限.

如，例1中曲边梯形的面积可表示为$A=\int_0^1 x^2\mathrm{d}x$ $\left(=\frac{1}{3}\right)$.

例2 根据曲边梯形的面积，求下列积分的值：

(1) $\int_a^b 1\mathrm{d}x$； (2) $\int_a^b x\mathrm{d}x$.

解 (1) 此时曲边实际上是直线$y=1$，$\int_a^b 1\mathrm{d}x$表示高

为 1、底边长为 $b-a$ 的矩形的面积(图 17-2-4)，

因而有 $\int_a^b 1\mathrm{d}x = b-a$.

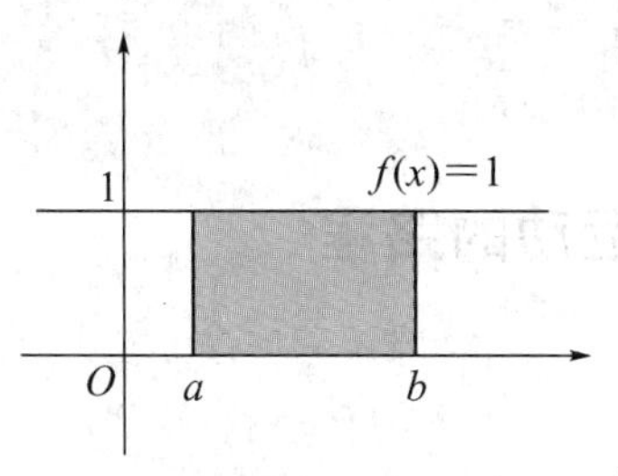

图 17-2-4

$f(x)=x$

O　a　　b

图 17-2-5

(2) 此时曲边实际上是直线 $y=x$，所以 $\int_a^b x\mathrm{d}x$ 表示上下底分别为 a 和 b，高为 $b-a$ 的直角梯形的面积(图 17-2-5)，根据梯形面积的公式，有 $\int_a^b x\mathrm{d}x = \frac{a+b}{2}(b-a) = \frac{1}{2}(b^2-a^2)$.

莱布尼兹(Leibniz，1646—1716 年)德国著名的数学家、物理学家、历史学家和哲学家. 他博览群书，涉猎百科，对丰富人类的科学知识宝库做出了不可磨灭的贡献.

练一练

根据面积和积分的关系，求下列积分的值：

(1) $\int_1^2 x\mathrm{d}x$；　　(2) $\int_0^2 2x\mathrm{d}x$.

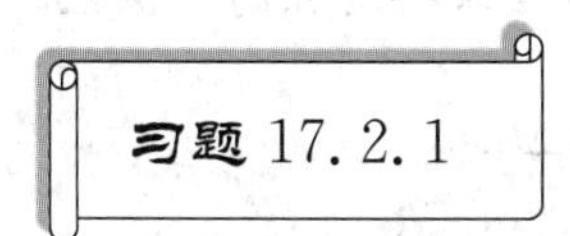

习题 17.2.1

根据面积和积分的关系，求下列积分的值：

(1) $\int_1^4 x\mathrm{d}x$；　　(2) $\int_0^2 (x+1)\mathrm{d}x$；　　(3) $\int_{-1}^2 (3-x)\mathrm{d}x$.

变速直线运动的路程

设物体作直线运动，速度 $v(t)$ 是时间 t 的连续函数，且 $v(t) \geqslant 0$. 求物体在时间间隔 $[a, b]$ 内所经过的路程 s.

由于速度 $v(t)$ 随时间的变化而变化，因此不能用匀速直线运动的公式(路程＝速度×时间)来计算物体的路程. 但由于 $v(t)$ 连续，当 t 的变化很小时，速度的变化也非常小，因此在很小的一段时间内，变速运动可以近似看成匀速运动. 可以与前述面积问题一样，采用分割、近似代替、求和、取极限的方法来求变速直线运动的路程.

(1) **分割** 用分点 $a = t_0 < t_1 < t_2 < \cdots < t_n = b$ 将时间区间 $[a, b]$ 分成 n 个小区间 $[t_{i-1}, t_i]$ $(i = 1, 2, \cdots, n)$，其中第 i 个时间段的长度为 $\Delta t_i = t_i - t_{i-1}$，物体在此时间段内经过的路程为 Δs_i.

(2) **近似代替** 当 Δt_i 很小时，在 $[t_{i-1}, t_i]$ 上任取一点 ξ_i，以 $v(\xi_i)$ 来替代 $[t_{i-1}, t_i]$ 上各时刻的速度，则 $\Delta s_i \approx v(\xi_i) \cdot \Delta t_i$.

(3) **求和** 在每个小区间上用同样的方法求得路程的近似值，再求和，得

$$s = \sum_{i=1}^{n} \Delta s_i \approx \sum_{i=1}^{n} v(\xi_i) \Delta t_i.$$

(4) **取极限** 令 $\lambda = \max\limits_{1 \leqslant i \leqslant n} \{\Delta t_i\}$，则当 $\lambda \to 0$ 时，上式右端的和式的极限就是 s 的精确值. 因此

$$s = \lim_{\lambda \to 0} \sum_{i=1}^{n} v(\xi_i) \Delta t_i.$$

结论：变速直线运动的路程也为一个和式的极限.

从而 $s = \int_a^b v(t) \mathrm{d}t$，这是定积分的一个物理模型！

实例 如果物体作变速直线运动，在时刻 t 的速度 $v(t) = -t^2 + 2$，那么它在 $0 \leqslant t \leqslant 1$ 这段时间内物体运动的路程 s 是多少？(其中 t 的单位：s，v 的单位：m/s，s 的单位：m)

如图 17-2-6 所示，按照上述四步，请同学们尝试解决！

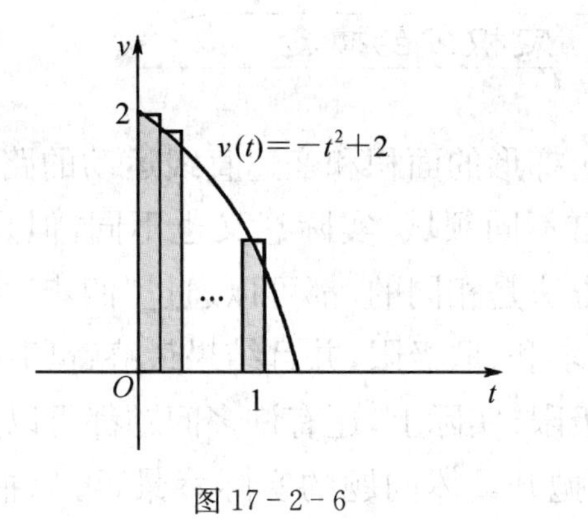

图 17-2-6

思考 物体在 $0\leqslant t\leqslant 1$ 这段时间内行驶的路程 s 与由直线 $t=0$，$t=1$，$v=0$ 和曲线 $v(t)=-t^2+2$ 所围成的曲边梯形的面积有什么关系？

17.2.2 定积分的概念

求曲边梯形的面积和变速直线运动的路程,这两个问题尽管来自不同领域,实际意义也不同,但是问题解决的数学思想方法是相同的,都可以通过“四步”来完成:分割、近似代替、求和、取极限,并且结果最终都归结为求某种形式的和的极限.实际上,还有许多问题都可以这样解决.

因此,抛开具体问题的实际背景,可以抽象出它们在数量关系上共同的本质,这就建立了一个数学模型——定积分.

1. 定积分的定义

设函数 $y=f(x)$ 在区间$[a, b]$上有定义,任取分点

$$a=x_0<x_1<x_2<\cdots<x_{n-1}<x_n=b,$$

把区间$[a, b]$分成 n 个小区间$[x_{i-1}, x_i]$$(i=1,2,\cdots,n)$,记

$$\Delta x_i=x_i-x_{i-1}(i=1,2,\cdots,n),\lambda=\max_{1\leqslant i\leqslant n}\{\Delta x_i\},$$

再在每个小区间$[x_{i-1}, x_i]$上任取一点 ξ_i,取乘积 $f(\xi_i)\Delta x_i$ 的和式,即

$$\sum_{i=1}^{n} f(\xi_i)\Delta x_i.$$

如果不论对区间$[a, b]$怎样分割,也不论点 ξ_i 在小区间$[x_{i-1}, x_i]$上怎样选取,只要当 $\lambda\to 0$ 时,和式$\sum\limits_{i=1}^{n} f(\xi_i)\Delta x_i$ 极限存在,则称函数 $f(x)$在闭区间$[a, b]$上可积,并且称此极限值为函数 $f(x)$ 在$[a, b]$上的定积分,记为$\int_a^b f(x)\mathrm{d}x$,即

$$\int_a^b f(x)\mathrm{d}x=\lim_{\lambda\to 0}\sum_{i=1}^{n} f(\xi_i)\Delta x_i,$$

其中 $f(x)$称为被积函数，$f(x)\mathrm{d}x$ 称为被积表达式，x 称为积分变量，$[a,\ b]$称为积分区间，a 与 b 分别称为积分下限与积分上限，符号 $\int_a^b f(x)\mathrm{d}x$ 读作函数 $f(x)$从 a 到 b 的定积分.

由定义可知：曲边梯形的面积为 $A=\int_a^b |f(x)|\mathrm{d}x$.

注 1　定积分的结果是一个数，它只取决于被积函数 $f(x)$与积分区间$[a,\ b]$，而与积分变量用什么字母表示无关. 例如 $\int_0^1 x^2\mathrm{d}x=\int_0^1 t^2\mathrm{d}t$.

一般地，$\int_a^b f(x)\mathrm{d}x=\int_a^b f(t)\mathrm{d}t=\int_a^b f(u)\mathrm{d}u=\cdots$.

注 2　定义中要求 $a<b$，为方便起见，允许 $b\leqslant a$，并规定

$$\int_a^b f(x)\mathrm{d}x=-\int_b^a f(x)\mathrm{d}x \text{ 及} \int_a^a f(x)\mathrm{d}x=0.$$

从定积分的定义不难看出，这样的规定是很自然、直观、合理的.

例 3　用定积分的定义求由直线 $y=x$ 和 $x=0$，$x=t$，$y=0$ 所围成的图形(图 17-2-7) 的面积.

解　(1) **分割**　把区间$[0,\ t]$ n 等分，各分点依次为 $x_0=0$，$x_1=\frac{t}{n}$，$x_2=\frac{2t}{n}$，…，$x_k=\frac{kt}{n}$，…，$x_n=\frac{nt}{n}=t$，进而得到 n 个小曲边梯形.

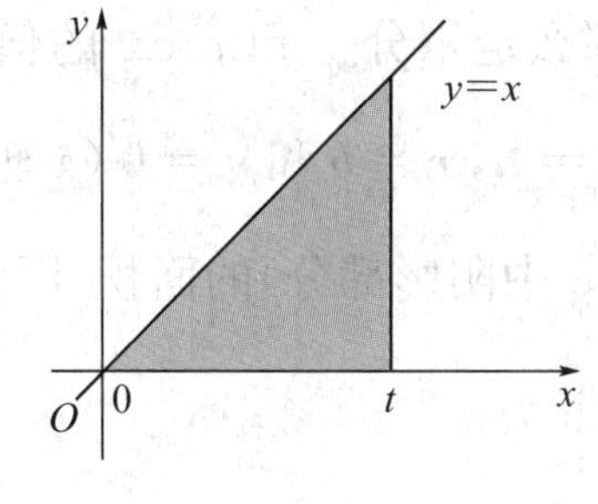

图 17-2-7

(2) **近似代替**　将每个小曲边梯形用对应的那个狭长的小矩形代替(以直代曲). 每个狭长小矩形的宽度等于 $\frac{t}{n}$，取该小曲边梯形的右上方那个定点的高度作为高，则

第 i 个小矩形高就是$\frac{it}{n}$.

(3) **求和** 这样 n 个小矩形面积的和 A_n 就是整个曲边梯形面积 A 的近似值:

$$\begin{aligned}A_n &= \frac{t}{n}\cdot\frac{t}{n}+\frac{2t}{n}\cdot\frac{t}{n}+\frac{3t}{n}\cdot\frac{t}{n}+\cdots+\frac{nt}{n}\cdot\frac{t}{n}\\&=\frac{1+2+3+\cdots+n}{n^2}\cdot t^2=\frac{n(n+1)}{2n^2}\cdot t^2\\&=\left(\frac{1}{2}+\frac{1}{2n}\right)t^2.\end{aligned}$$

(4) **取极限** $A=\lim\limits_{n\to\infty}A_n=t^2\cdot\lim\limits_{n\to\infty}\left(\frac{1}{2}+\frac{1}{2n}\right)=\frac{1}{2}t^2.$

所以有 $\int_0^t x\mathrm{d}x=\frac{1}{2}t^2.$

本例中的曲边梯形是一个直角三角形,易求得其面积为$\frac{1}{2}t^2$,而用定义来求这个定积分的值显得比较麻烦.

2. 定积分的几何意义

由定义可以得到:

(1) 在$[a, b]$上,如果连续函数 $f(x)$ 恒大于等于 0,那么定积分 $\int_a^b f(x)\mathrm{d}x$ 的值表示由曲线 $y=f(x)$、直线 $x=a$,$x=b$ 和 $y=0$ (x 轴)所围成的曲边梯形(图 17-2-8 中阴影部分)的面积. 即 $A=\int_a^b f(x)\mathrm{d}x\geqslant 0.$

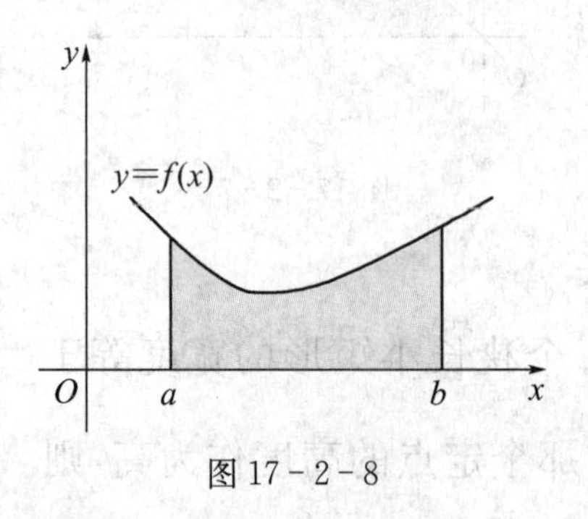

图 17-2-8

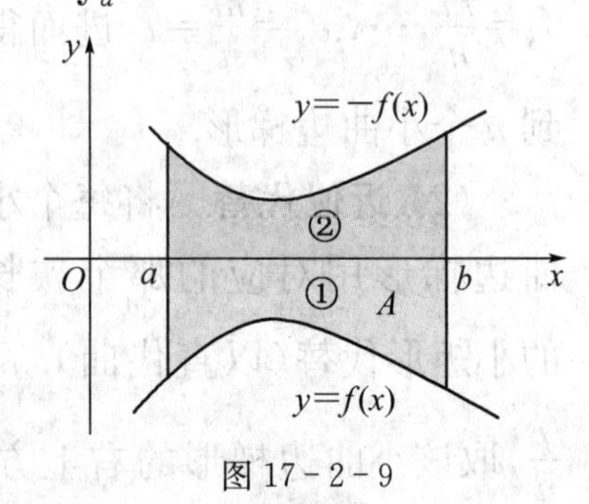

图 17-2-9

(2) 在$[a, b]$上，如果连续函数 $f(x)$ 恒小于等于 0，那么定积分 $\int_a^b f(x)\mathrm{d}x$ 的值表示什么呢？

由定积分定义知，此时 $\int_a^b f(x)\mathrm{d}x \leqslant 0$，如图 17－2－9 所示，对应的曲边梯形①的面积为 A. 同时曲边梯形②的面积也为 A，即

$$A=\int_a^b[-f(x)]\mathrm{d}x=-\int_a^b f(x)\mathrm{d}x.$$

也就是说：当 $f(x)\leqslant 0$ 时，定积分 $\int_a^b f(x)\mathrm{d}x$ 的值表示曲边梯形面积的相反数.

(3) 一般地，若 $y=f(x)$ 在$[a, b]$上可正可负，则定积分 $\int_a^b f(x)\mathrm{d}x$ 的几何意义是 $y=f(x)$ 在$[a, b]$上各个曲边梯形面积的代数和（x 轴上方的面积取正号，x 轴下方的面积取负号）. 如图 17－2－10 中，

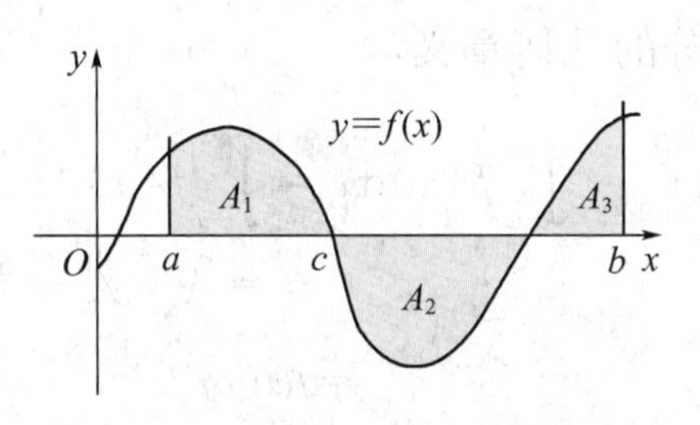

图 17－2－10

$$\int_a^b f(x)\mathrm{d}x=A_1-A_2+A_3.$$

例 4　根据定积分 $\int_a^b f(x)\mathrm{d}x$ 的几何意义，说明等式 $\int_{-1}^1\sqrt{1-x^2}\mathrm{d}x=\frac{\pi}{2}$.

解　由定积分的几何意义知，定积分 $\int_{-1}^1\sqrt{1-x^2}\mathrm{d}x$ 表示由曲线 $y=\sqrt{1-x^2}$ 与 x 轴所围成的图形的面积，该图形是一个半圆（如图 17－2－11）：圆 $x^2+y^2=1$ 在第一、二两象限

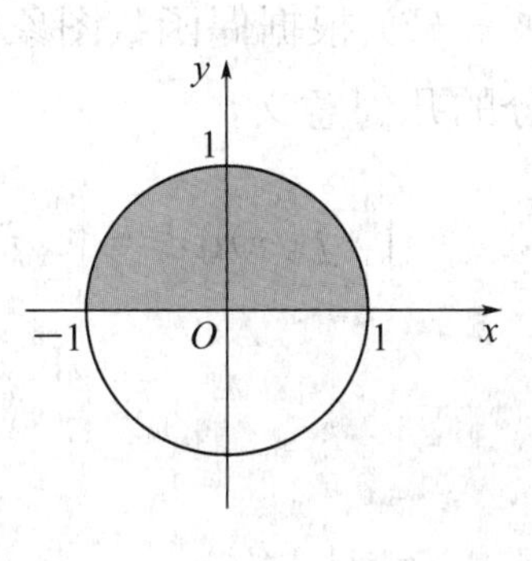

图 17－2－11

内的部分.

所以$\int_{-1}^{1}\sqrt{1-x^2}\,\mathrm{d}x=\frac{1}{2}\cdot\pi\cdot 1^2=\frac{\pi}{2}$.

例 5 设 $y=f(x)$ 是连续函数,则它在对称区间$[-a,\ a]$上的定积分为$\int_{-a}^{a}f(x)\mathrm{d}x$,证明:

(1) 若 $f(x)$为奇函数,则$\int_{-a}^{a}f(x)\mathrm{d}x=0$;

(2) 若 $f(x)$为偶函数,则$\int_{-a}^{a}f(x)\mathrm{d}x=2\int_{0}^{a}f(x)\mathrm{d}x$.

证明 设$\int_{0}^{a}f(x)\mathrm{d}x=A$,则

(1) 根据奇函数图象(图 17-2-12)的对称性和定积分的几何意义,

$$\begin{aligned}\int_{-a}^{a}f(x)\mathrm{d}x&=\int_{-a}^{0}f(x)\mathrm{d}x+\int_{0}^{a}f(x)\mathrm{d}x\\&=-A+A=0;\end{aligned}$$

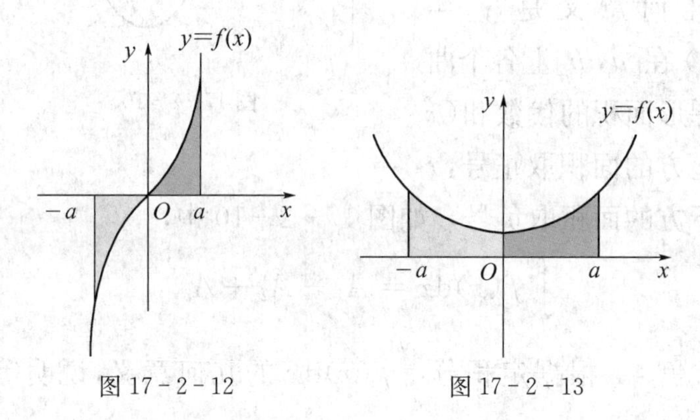

图 17-2-12 图 17-2-13

根据定积分的几何意义,你能用定积分表示图 17-2-14 中阴影部分的面积吗?

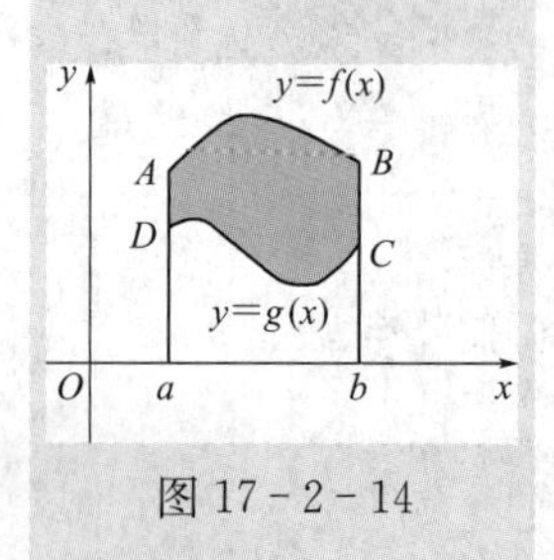

图 17-2-14

(2) 根据偶函数图象(图 17-2-13)的对称性和定积分的几何意义,

$$\begin{aligned}\int_{a}^{a}f(x)\mathrm{d}x&=\int_{-a}^{0}f(x)\mathrm{d}x+\int_{0}^{a}f(x)\mathrm{d}x=A+A\\&=2\int_{0}^{a}f(x)\mathrm{d}x.\end{aligned}$$

1. 填空：

(1) $\int_{-\frac{\pi}{2}}^{\frac{\pi}{2}} \sin x\mathrm{d}x =$ ________；

(2) $\int_{-\frac{\pi}{2}}^{\frac{\pi}{2}} \cos x\mathrm{d}x =$ ________$\int_{0}^{\frac{\pi}{2}} \cos x\mathrm{d}x$.

2. 根据定积分的定义和几何意义，分别求积分 $\int_{0}^{1} 2x\mathrm{d}x$ 的值.

习题 17.2.2

1. 填空：

(1) $\int_{-\frac{\pi}{2}}^{\frac{\pi}{2}} x\sin x\mathrm{d}x =$ ________$\int_{0}^{\frac{\pi}{2}} x\sin x\mathrm{d}x$；

(2) $\int_{-\frac{\pi}{2}}^{\frac{\pi}{2}} x\mathrm{d}x =$ ________.

2. 根据定积分的几何意义，说明等式 $\int_{-a}^{a} \sqrt{a^2 - x^2}\mathrm{d}x = \frac{\pi a^2}{2}$ 成立.

3. 根据定积分的几何意义，判断下列定积分的值是正的还是负的(不用计算)：

(1) $\int_{0}^{\frac{\pi}{2}} \sin x\mathrm{d}x$；　　(2) $\int_{-1}^{2} x^2\mathrm{d}x$；

(3) $\int_{-\frac{\pi}{2}}^{0} \sin x\mathrm{d}x$；　　(4) $\int_{-\frac{\pi}{2}}^{0} \cos x\mathrm{d}x$.

4. 根据定积分的几何意义，计算下列定积分：

(1) $\int_{0}^{2\pi} \sin x\mathrm{d}x$；　　(2) $\int_{-1}^{3} x\mathrm{d}x$.

17.2.3　定积分的性质

由定积分的定义可以直接推知下列定积分的性质(其

中所涉及的函数在讨论的区间上都是可积的).

性质1可以推广到有限个函数的情形.

性质1 **两个函数和(差)的积分等于两个函数积分的和(差). 即**

$$\int_a^b (f(x) \pm g(x))\mathrm{d}x = \int_a^b f(x)\mathrm{d}x \pm \int_a^b g(x)\mathrm{d}x.$$

性质2 **被积函数的常数因子可以提到积分符号之前. 即有**

$$\int_a^b kf(x)\mathrm{d}x = k\int_a^b f(x)\mathrm{d}x.$$

例6 计算积分 $\int_0^1 (ax^2 + bx + c)\mathrm{d}x$,其中系数 a、b、c 是常数.

解 我们可以按照上述性质计算.

$$\begin{aligned}\int_0^1 (ax^2 + bx + c)\mathrm{d}x &= \int_0^1 ax^2\mathrm{d}x + \int_0^1 bx\mathrm{d}x + \int_0^1 c\mathrm{d}x \\ &= a\int_0^1 x^2\mathrm{d}x + b\int_0^1 x\mathrm{d}x + c\int_0^1 1\mathrm{d}x \\ &= \frac{1}{3}a + \frac{1}{2}b + c.\end{aligned}$$

这里我们先应用了性质(1),再应用了性质(2),还利用了前面已经求得的结果:

$$\int_0^1 x^2\mathrm{d}x = \frac{1}{3},\quad \int_0^1 x\mathrm{d}x = \frac{1}{2},\quad \int_0^1 1\mathrm{d}x = 1.$$

性质3(积分区间的可加性) **如果将积分区间分成两部分,则在整个区间上的定积分等于这两部分区间上定积分的和. 即**

$$\int_a^b f(x)\mathrm{d}x = \int_a^c f(x)\mathrm{d}x + \int_c^b f(x)\mathrm{d}x.$$

图 17-2-15 可以直观地表示出这个性质.

值得注意的是,不论 a,b,c 的相对位置如何,总有等式 $\int_a^b f(x)\mathrm{d}x = \int_a^c f(x)\mathrm{d}x + \int_c^b f(x)\mathrm{d}x$.

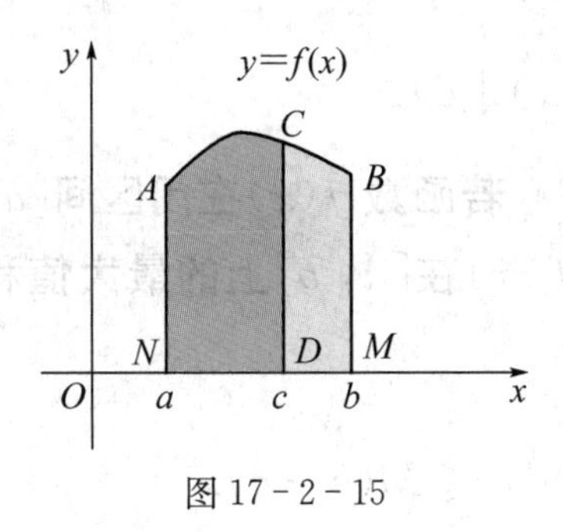

图 17-2-15

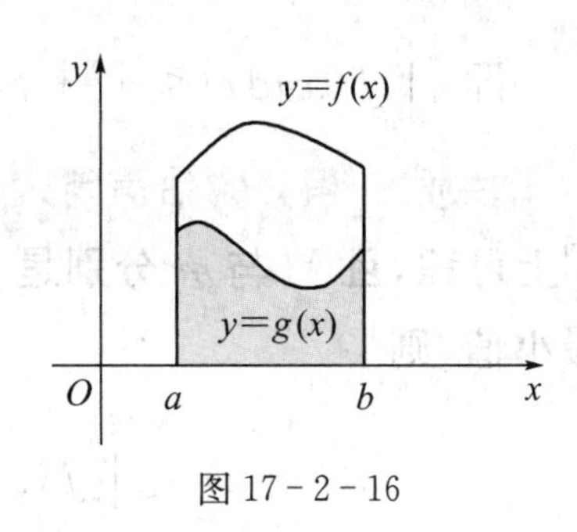

图 17-2-16

图 17-2-15 中，曲边梯形 $ABMN$ 的面积是曲边梯形 $ACDN$ 与曲边梯形 $CBMD$ 面积的和.

性质 4(积分的比较性质)　**若函数 $f(x)$，$g(x)$ 在闭区间 $[a, b]$ 上都可积，且 $g(x) \leqslant f(x)$，则 $\int_a^b g(x)\mathrm{d}x \leqslant \int_a^b f(x)\mathrm{d}x$.**

这个性质容易从图 17-2-16 中得到验证. 因为小曲边梯形包含在大曲边梯形内.

例 7　比较积分 $\int_0^1 x^2\mathrm{d}x$ 与 $\int_0^1 x\mathrm{d}x$ 的大小.

解　因为在 $[0, 1]$ 上 $x^2 \leqslant x$，所以 $\int_0^1 x^2\mathrm{d}x \leqslant \int_0^1 x\mathrm{d}x$.

从图 17-2-17 也可看出来它们的大小.

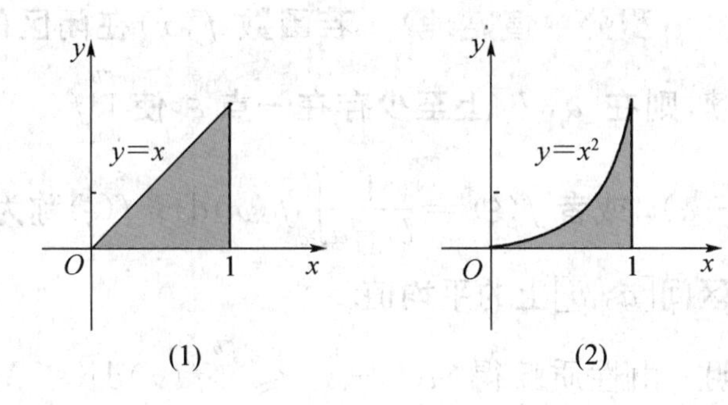

图 17-2-17

推论　$\left|\int_a^b f(x)\mathrm{d}x\right| \leqslant \int_a^b |f(x)|\mathrm{d}x$.

证明　因为 $-|f(x)| \leqslant f(x) \leqslant |f(x)|$，

所以由性质 4，有

$$-\int_a^b |f(x)|\mathrm{d}x \leqslant \int_a^b f(x)\mathrm{d}x \leqslant \int_a^b |f(x)|\mathrm{d}x,$$

即 $\left|\int_a^b f(x)\mathrm{d}x\right| \leqslant \int_a^b |f(x)|\mathrm{d}x$.

性质 5（积分的估值定理） **若函数 $f(x)$ 在闭区间 $[a, b]$ 上可积，且 M 与 m 分别是 $f(x)$ 在 $[a, b]$ 上的最大值和最小值，则**

$$m(b-a) \leqslant \int_a^b f(x)\mathrm{d}x \leqslant M(b-a).$$

证明 因为 $m \leqslant f(x) \leqslant M$，所以 $\int_a^b m\mathrm{d}x \leqslant \int_a^b f(x)\mathrm{d}x \leqslant \int_a^b M\mathrm{d}x$，

曲边梯形 $ABba$ 的面积介于分别以 m 和 M 为高，$b-a$ 为底的两个矩形的面积之间.

从而 $m(b-a) \leqslant \int_a^b f(x)\mathrm{d}x \leqslant M(b-a)$.

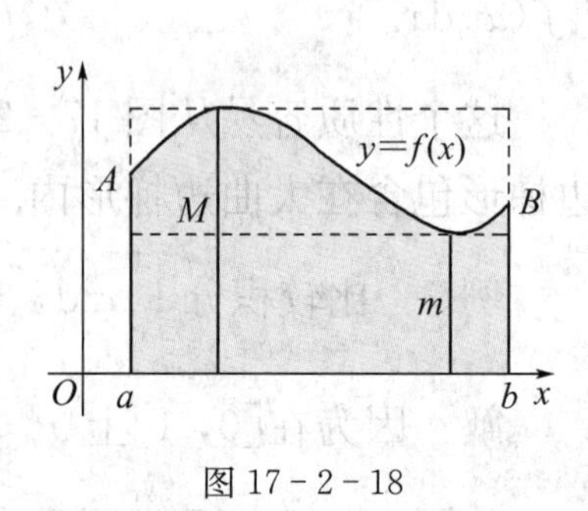

图 17－2－18

如图 17－2－18 所示，当 $f(x) \geqslant 0$ 时，从定积分的几何意义上看，这个性质是非常显然的.

性质 6（积分中值定理） **若函数 $f(x)$ 在闭区间 $[a, b]$ 上连续，则在 $[a, b]$ 上至少存在一点 ξ，使 $\int_a^b f(x)\mathrm{d}x = f(\xi)(b-a)$，或者 $f(\xi) = \frac{1}{b-a}\int_a^b f(x)\mathrm{d}x$. $f(\xi)$ 称为函数 $f(x)$ 在区间 $[a, b]$ 上的平均值.**

证明 由性质 5 得 $m(b-a) \leqslant \int_a^b f(x)\mathrm{d}x \leqslant M(b-a)$，各项除以 $b-a$ 得 $m \leqslant \frac{1}{b-a}\int_a^b f(x)\mathrm{d}x \leqslant M$，再由连续函数的介值定理，在 $[a, b]$ 上至少存在一点 ξ，使 $f(\xi) = \frac{1}{b-a}\int_a^b f(x)\mathrm{d}x$，于是两端乘以 $b-a$ 得中值公式 $\int_a^b f(x)\mathrm{d}x = f(\xi)(b-a)$.

当 $f(x) \geqslant 0$ 时，这个性质也有明显的几何意义，如图

17－2－19：对由闭区间$[a, b]$上的连续曲线$y=f(x)$构成的曲边梯形$ABba$，总存在一个以$f(\xi)$为高，$b-a$为底的矩形，使得它们的面积相等.

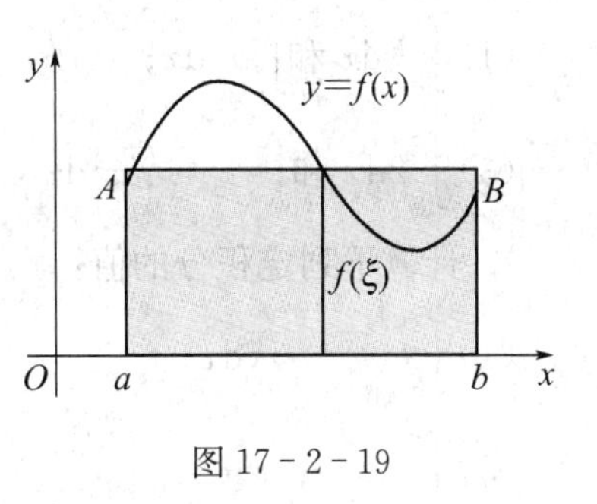

图 17－2－19

例 8 求函数$f(x)=x^2+1$在$[0, 1]$上的平均值，并求出ξ的值.

解 已知$\int_0^1 x^2 \mathrm{d}x=\frac{1}{3}$，$\int_0^1 \mathrm{d}x=1$，根据性质 2 可得

$$\int_0^1 (x^2+1)\mathrm{d}x=\int_0^1 x^2 \mathrm{d}x+\int_0^1 \mathrm{d}x=\frac{4}{3},$$

于是函数$f(x)=x^2+1$在闭区间$[0, 1]$上的平均值为

$$f(\xi)=\frac{1}{1-0}\int_0^1 (x^2+1)\mathrm{d}x=\frac{4}{3},$$

由于$f(\xi)=\xi^2+1=\frac{4}{3}$，$\frac{\sqrt{3}}{3}\in[0, 1]$，故得$\xi=\frac{\sqrt{3}}{3}$.

1. 不计算，根据图形比较定积分的大小.

(1) $\int_0^2 \mathrm{e}^x \mathrm{d}x$和$\int_0^2 x\mathrm{d}x$； (2) $\int_1^2 x\mathrm{d}x$和$\int_0^2 x\mathrm{d}x$.

2. 比较定积分$\int_0^{\frac{\pi}{2}} \sin x\mathrm{d}x$和$\int_0^{\frac{\pi}{2}} \sin^4 x\mathrm{d}x$的大小.

习题 17.2.3

1. 不计算，根据图形比较定积分的大小.

(1) $\int_0^1 x\mathrm{d}x$ 和 $\int_0^1 x^3\mathrm{d}x$；　　(2) $\int_{\mathrm{e}}^4 \ln x\mathrm{d}x$ 和 $\int_{\mathrm{e}}^4 \ln^2 x\mathrm{d}x$；

(3) $\int_0^2 2\mathrm{d}x$ 和 $\int_0^2 \sqrt{4-x^2}\mathrm{d}x$.

2. 计算下列定积分的值：

(1) $\int_0^2 \sqrt{4-x^2}\mathrm{d}x$；　　(2) $\int_{-1}^1 (x^2+\sin x)\mathrm{d}x$；

(3) $\int_{-1}^1 (x^2+x)\mathrm{d}x$.

17.3 微分思想

17.3.1 导数概念

牛顿(Newton，1643—1727年)英国伟大的数学家、物理学家、天文学家，一位震古烁今的科学巨人. 微积分的创立是牛顿最卓越的数学成就之一. 牛顿之所以能取得这么显著的成就，正像他自己所说的那样“如果说我看得远，那是因为我站在巨人的肩上”.

1. 导数的背景

导数的思想最初是由法国数学家费马(Fermat)为研究极大、极小值问题而引入的，但导数作为微分学中最主要的概念，却是由英国数学家牛顿(Newton)和德国数学家莱布尼兹(Leibniz)分别在研究力学与几何学过程中建立起来的. 先看下面的瞬时速度和切线这两个具体的例子.

(1) 瞬时速度

以自由落体运动为例. 如图 17-3-1，一小球作自由落体运动. 已知自由落体的运动方程为

$$s=\frac{1}{2}gt^2, t\in[0,\ T].$$

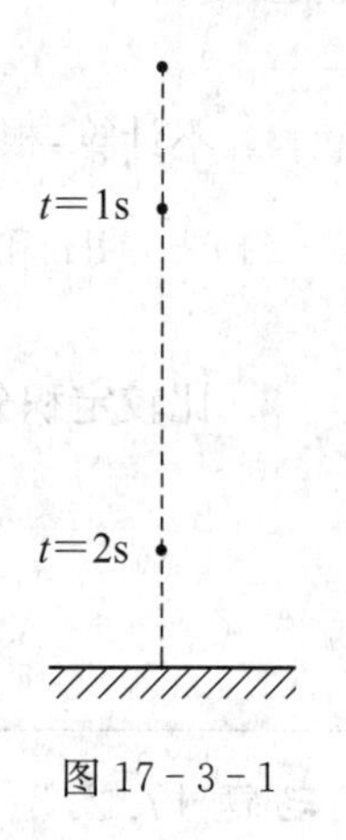

图 17-3-1

思考以下几个问题，尝试探究小球在 1 s 时的瞬时速度：

① 小球从 1 s 到 2 s 之间的平均速度是多少？

② 分别计算从 1 s 到下列各时刻内的小球的平均速度：

时　间 t	平均速度 $\overline{v}$
1～1.5 s	
1～1.1 s	
1～1.05 s	
1～1.01 s	
1～1.005 s	
1～1.001 s	
…	

③ 随着时间的变化，小球的平均速度有什么变化趋势？如何表示小球在时刻 $t=1$ s 时的瞬时速度呢？

事实上，对于任一时刻 t_0（$t_0\in[0,\ T]$）的瞬时速度，我们皆可利用上述思想，取一邻近于 t_0 的时刻 t，计算落体在 t_0 到 t 时间段内的平均速度，令 t 逐步逼近 t_0，则当 $t\to t_0$ 时平均速度的极限即为落体在 t_0 时刻的瞬时速度 v_{t_0}，即

$$v_{t_0}=\lim_{t\to t_0}\overline{v}=\lim_{t\to t_0}\frac{s-s_0}{t-t_0}=\lim_{t\to t_0}\frac{\frac{1}{2}gt^2-\frac{1}{2}gt_0^2}{t-t_0}$$
$$=\lim_{t\to t_0}\frac{g}{2}(t+t_0)=gt_0.$$

若将时刻 t 与 t_0 之间的差值记为 Δt，并称 Δt 为时刻 t_0 的时间增量，即 $\Delta t=t-t_0$，相应的位移的增量记为 Δs，即 $\Delta s=s-s_0$，上式还可表示为 $v_{t_0}=\lim\limits_{\Delta t\to 0}\frac{\Delta s}{\Delta t}$.

由此，对于一般的作变速直线运动的质点，设其运动方程为 $s=f(t)$，在 t_0 时刻的瞬时速度 v_{t_0} 可表示为

$$v_{t_0}=\lim_{t\to t_0}\frac{f(t)-f(t_0)}{t-t_0}=\lim_{\Delta t\to 0}\frac{\Delta s}{\Delta t}.$$

(2) 切线的斜率

已知函数 $y=f(x)$ 的图象为曲线 C(如图 17-3-2),点 $M(x_0, y_0)$为曲线 C 上的一点,则函数 $y=f(x)$ 在点 M 处的切线的斜率如何表示呢?

设曲线 C 上邻近于 $M(x_0, y_0)$的点 $N(x, y)$,则当点 N 沿着曲线 C 无限趋于点 M 时,割线 MN 的极限位置即为切线 MT 所在直线,所以,曲线 C 在点 M 处切线的斜率可表示为

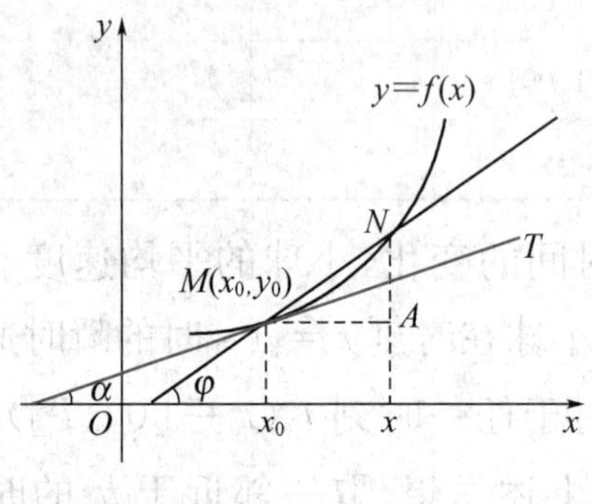

图 17-3-2

$$k=\lim_{x \to x_0} \frac{f(x)-f(x_0)}{x-x_0}.$$

若将 x 与 x_0 之间的差值记为 Δx,并称 Δx 为自变量在点 x_0 处的增量,即 $\Delta x=x-x_0$,相应的函数值的增量 $\Delta y=f(x_0+\Delta x)-f(x_0)$,则上式还可表示为

你还能够举出一些与此类似的具体实例吗?

$$k=\lim_{\Delta x \to 0} \frac{f(x_0+\Delta x)-f(x_0)}{\Delta x}=\lim_{\Delta x \to 0} \frac{\Delta y}{\Delta x}.$$

与上述两个问题类似,在物理学、数学中有很多诸如计算物质比热、电流强度、线密度等问题,尽管它们的具体背景各不相同,但最终都归结为讨论函数的增量与自变量的增量之比(当自变量的增量趋向于 0 时)的极限问题,也正是由于对这类问题的研究促使了导数概念的诞生.

2. 导数的定义

上述两个问题虽然具体含义完全不同,但却具有相同

的数学本质，都可以归结为形如$\lim\limits_{\Delta x \to 0}\dfrac{\Delta y}{\Delta x}$这种类型的极限. 我们把这种特殊的极限叫作函数的导数.

定义 **设函数 $y=f(x)$ 在点 x_0 的某邻域内有定义，若极限**

$$\lim_{x \to x_0}\frac{f(x)-f(x_0)}{x-x_0} \qquad (*)$$

存在，则称函数 $f(x)$ 在点 x_0 处可导，并称该极限为函数 $f(x)$ 在点 x_0 处的导数，记作 $f'(x_0)$，即

$$f'(x_0)=\lim_{x \to x_0}\frac{f(x)-f(x_0)}{x-x_0}.$$

导数反映了函数在某点 x_0 处的瞬间变化率.

令 $x=x_0+\Delta x$，$\Delta y=f(x_0+\Delta x)-f(x_0)$，则上式可改写为

$$f'(x_0)=\lim_{\Delta x \to 0}\frac{\Delta y}{\Delta x}=\lim_{\Delta x \to 0}\frac{f(x_0+\Delta x)-f(x_0)}{\Delta x}.$$

$f'(x_0)$也可记作 $y'|_{x=x_0}$，$\left.\dfrac{\mathrm{d}y}{\mathrm{d}x}\right|_{x=x_0}$ 或$\left.\dfrac{\mathrm{d}f}{\mathrm{d}x}\right|_{x=x_0}$.

若$(*)$式极限不存在，则称 $f(x)$在点 x_0 处不可导.

设物体绕定轴旋转，若在 t 秒内转过的角度为 θ，则 θ 为 t 的函数：$\theta=\theta(t)$. 若是匀速旋转，则 $\omega=\dfrac{\theta}{t}$ 称为物体旋转的角速度；若不是匀速旋转，试确定该物体在 t_0 时刻的角速度.

根据导数的定义，求函数在点 x_0 处的导数，可按如下步骤进行：

(1) 求增量 $\Delta y=f(x_0+\Delta x)-f(x_0)$；

(2) 算比值 $\dfrac{\Delta y}{\Delta x}=\dfrac{f(x_0+\Delta x)-f(x_0)}{\Delta x}$；

(3) 取极限 $\lim\limits_{\Delta x \to 0} \dfrac{\Delta y}{\Delta x}$.

例 1 求函数 $f(x) = 2x^2 + 1$ 在点 $x = 1$ 处的导数.

解 (1) $\Delta y = [2(1+\Delta x)^2 + 1] - (2 \times 1^2 + 1)$

$= 4\Delta x + 2(\Delta x)^2$;

(2) $\dfrac{\Delta y}{\Delta x} = \dfrac{4\Delta x + 2(\Delta x)^2}{\Delta x} = 4 + 2\Delta x$;

(3) $\lim\limits_{\Delta x \to 0} \dfrac{\Delta y}{\Delta x} = \lim\limits_{\Delta x \to 0} (4 + 2\Delta x) = 4$.

所以,$f'(1) = 4$.

例 2 求函数 $f(x) = \dfrac{1}{x^2}$ 在点 $x = -1$ 处的导数.

解

$$f'(-1) = \lim_{\Delta x \to 0} \frac{\Delta y}{\Delta x} = \lim_{\Delta x \to 0} \frac{f(-1+\Delta x) - f(-1)}{\Delta x}$$

$$= \lim_{\Delta x \to 0} \frac{\dfrac{1}{(-1+\Delta x)^2} - \dfrac{1}{(-1)^2}}{\Delta x}$$

$$= \lim_{\Delta x \to 0} \frac{\dfrac{2\Delta x - (\Delta x)^2}{(-1+\Delta x)^2}}{\Delta x}$$

$$= \lim_{\Delta x \to 0} \frac{2 - \Delta x}{(-1+\Delta x)^2} = 2.$$

设 $y = f(x)$ 在点 x_0 的某右邻域 $[x_0, x_0 + \delta]$ 内有定义,若右极限 $\lim\limits_{\Delta x \to 0^+} \dfrac{\Delta y}{\Delta x} = \lim\limits_{\Delta x \to 0^+} \dfrac{f(x_0 + \Delta x) - f(x_0)}{\Delta x}$ $(0 < \Delta x < \delta)$ 存在,则称该极限值为函数 $f(x)$ 在点 x_0 处的**右导数**,记作 $f'_+(x_0)$.

同理,可定义函数 $f(x)$ 在点 x_0 处的**左导数**,并将其记作 $f'_-(x_0)$.

例 3 讨论函数 $f(x) = \begin{cases} x^2 \sin \dfrac{1}{x}, & x \neq 0, \\ 0, & x = 0, \end{cases}$ 在 $x = 0$ 处是否可导?

解 因为

$$f'(0) = \lim_{\Delta x \to 0} \frac{\Delta y}{\Delta x}$$

$$= \lim_{\Delta x \to 0} \frac{f(0+\Delta x) - f(0)}{\Delta x}$$

$$= \lim_{\Delta x \to 0} \frac{(\Delta x)^2 \sin \dfrac{1}{\Delta x} - 0}{\Delta x}$$

$$= \lim_{\Delta x \to 0} \left(\Delta x \sin \frac{1}{\Delta x} \right) = 0,$$

所以,函数 $f(x)$ 在点 $x=0$ 处的导数为 0.

由定义可知，导数实质上仍是一个函数的极限，而函数的极限是唯一的，所以，对于分段函数在分段点处只有其左极限与右极限存在且相等时，才说函数在分段点处的极限存在. 因此，**分段函数在分段点 x_0 处的导数存在的充要条件是 $f'_+(x_0)$，$f'_-(x_0)$存在且相等.**

例 4 设 $f(x)=\begin{cases}\sin x, & x\geqslant 0,\\ 2x, & x<0,\end{cases}$ 讨论 $f(x)$在 $x=0$ 处的左、右导数与导数.

解 由于

$$\lim_{\Delta x\to 0^+}\frac{f(0+\Delta x)-f(0)}{\Delta x}=\lim_{\Delta x\to 0^+}\frac{\sin\Delta x-\sin 0}{\Delta x}=\lim_{\Delta x\to 0^+}\frac{\sin\Delta x}{\Delta x}=1,$$

$$\lim_{\Delta x\to 0^-}\frac{f(0+\Delta x)-f(0)}{\Delta x}=\lim_{\Delta x\to 0^-}\frac{2\Delta x-\sin 0}{\Delta x}=\lim_{\Delta x\to 0^-}\frac{2\Delta x}{\Delta x}=2,$$

所以，$f'_+(0)=1$，$f'_-(0)=2$.

因为 $f'_+(0)\neq f'_-(0)$，即 $\lim\limits_{x\to x_0}\dfrac{f(x)-f(x_0)}{x-x_0}$ 极限不存在，所以 $f(x)$在 $x=0$ 处不可导.

1. 用导数的定义，求下列函数在 $x=0$ 和 $x=1$ 处的导数：

(1) $y=-2x+1$； (2) $y=x^3-1$；

(3) $y=\dfrac{1}{x+2}$； (4) $y=\sqrt{x+2}$.

2. 判断函数 $f(x)=|x|$ 在点 $x=0$ 处是否可导.

3. 判断函数 $f(x)=\begin{cases}x^2+1, & -1<x\leqslant 0,\\ 1, & 0<x\leqslant 2,\end{cases}$ 在点 $x=0$ 处的连续性与可导性.

*4. 设函数 $f(x)$在点 x_0 处可导，试求下列极限：

(1) $\lim\limits_{\Delta x \to 0} \dfrac{f(x_0 - \Delta x) - f(x_0)}{\Delta x}$;

(2) $\lim\limits_{h \to 0} \dfrac{f(x_0 + h) - f(x_0 - h)}{h}$.

3. 导函数

对于例 1,不仅可以求得在 $x = 1$ 处的导数,还可以求得 $x = 1,2,3,4,\cdots$, 甚至任意一点 x 处的导数,这样当自变量取得任一个 x 值时,皆有唯一的一个导数值 $f'(x)$ 与之相对应,这就构成了一个函数关系.

若函数 $y = f(x)$ 在开区间 I 内的任一点处都可导,就称函数 $f(x)$ 在开区间 I 内可导. 对于任一确定的 $x \in I$, 都有唯一确定的导数值与之对应,这样就构成了一个新的函数关系,我们称之为函数 $y = f(x)$ 的**导函数**,记作 $f'(x), y', \dfrac{\mathrm{d}y}{\mathrm{d}x}$ 或 $\dfrac{\mathrm{d}f(x)}{\mathrm{d}x}$.

一般地,在不引起混淆的情况下,我们也把导函数简称为导数.

例 5　求常数函数 $f(x) = C$ (C 为常数)的导数.

解　$$f'(x) = \lim_{\Delta x \to 0} \frac{f(x + \Delta x) - f(x)}{\Delta x} = \lim_{\Delta x \to 0} \frac{C - C}{\Delta x} = 0,$$

即　$$(C)' = 0.$$

例 6　求函数 $f(x) = x^n$ 的导数.

解　$$f'(x) = \lim_{\Delta x \to 0} \frac{f(x + \Delta x) - f(x)}{\Delta x}$$

$$= \lim_{\Delta x \to 0} \frac{(x + \Delta x)^n - x^n}{\Delta x}$$

$$= \lim_{\Delta x \to 0} \frac{\mathrm{C}_n^1 x^{n-1} \Delta x + \mathrm{C}_n^2 x^{n-2} (\Delta x)^2 + \cdots + \mathrm{C}_n^n (\Delta x)^n}{\Delta x}$$

$$= nx^{n-1},$$

即 $$(x^n)' = nx^{n-1}.$$

例 7　求函数 $f(x) = \sin x$ 的导数.

解 $$f'(x) = \lim_{\Delta x \to 0} \frac{f(x+\Delta x) - f(x)}{\Delta x}$$
$$= \lim_{\Delta x \to 0} \frac{\sin(x+\Delta x) - \sin x}{\Delta x}$$
$$= \lim_{\Delta x \to 0} \frac{2\cos\dfrac{2x+\Delta x}{2}\sin\dfrac{\Delta x}{2}}{\Delta x}$$
$$= \cos x,$$

即 $$(\sin x)' = \cos x.$$

利用导数的定义,我们可以推得以下一些常用的基本初等函数的求导公式:

(1) $(c)' = 0$　(c 为常数);

(2) $(x^\alpha)' = \alpha x^{\alpha-1}$　(α 为任意实数, $x > 0$);

(3) $(\sin x)' = \cos x, (\cos x)' = -\sin x,$
$(\tan x)' = \sec^2 x, (\cot x)' = -\csc^2 x,$
$(\sec x)' = \sec x\tan x, (\csc x)' = -\csc x\cot x;$

(4) $(\arcsin x)' = \dfrac{1}{\sqrt{1-x^2}}, (\arccos x)' = -\dfrac{1}{\sqrt{1-x^2}},$
$(\arctan x)' = \dfrac{1}{1+x^2}, (\text{arccot}\, x)' = -\dfrac{1}{1+x^2};$

(5) $(a^x)' = a^x \ln a$, $(e^x)' = e^x$;

(6) $(\log_a x)' = \dfrac{1}{x\ln a}, (\ln x)' = \dfrac{1}{x}, (\ln|x|)' = \dfrac{1}{x}.$

根据导数的定义,求下列函数的导数:

(1) $y = \dfrac{1}{x^2}$　($x \neq 0$);　　(2) $y = \sqrt{x}$　($x > 0$);

(3) $y = \ln x$　($x > 0$).

习题 17.3.1

1. 根据导数的定义，求下列函数在 $x=x_0$ 处的导数：

(1) $y=x^2+1, x_0=-1$；　　(2) $y=(x-2)^2, x_0=1$；

(3) $y=\dfrac{1}{x}, x_0=-2$；　　(4) $y=\dfrac{1}{x^2+2}, x_0=a$.

2. 根据导数的定义，求下列函数的导数：

(1) $y=2x^2-1$；　　(2) $y=x^2+x$；

(3) $y=\log_a x$；　　(4) $y=\sqrt{x+1}$.

3. 讨论下列函数在点 $x=0$ 处的连续性与可导性：

(1) $f(x)=\begin{cases} x^2+1, x\leqslant 0, \\ x+1, x>0; \end{cases}$

(2) $f(x)=\begin{cases} x\sin\dfrac{1}{x}, x\neq 0, \\ 0, \quad x=0. \end{cases}$

4. 求常数 a,b，使得 $f(x)=\begin{cases} \mathrm{e}^x, & x\geqslant 0, \\ ax+b, & x<0, \end{cases}$ 在 $x=0$ 处可导.

17.3.2 求导法则

导数的定义给出了求函数的导数的方法，但若每次都用导数的定义求导数就显得太麻烦了. 对那些较为复杂的函数，就需要相关的求导法则.

1. 函数的和、差、积、商的求导法则

定理　**若函数 $u(x)$ 与 $v(x)$ 在点 x 处可导，那么它们的和、差、积、商(除分母为零的以外)在点 x 处皆可导，且**

(1) $[u(x)\pm v(x)]'=u'(x)\pm v'(x)$；

(2) $[u(x)v(x)]'=u'(x)v(x)+u(x)v'(x)$；

(3) $\left[\dfrac{u(x)}{v(x)}\right]'=\dfrac{u'(x)v(x)-u(x)v'(x)}{v^2(x)}\quad (v(x)\neq 0)$.

此处我们只对法则(1)中的加法进行证明,有兴趣的读者可证明其他法则.

证明　(1) 用导数的定义进行证明

$$[u(x)+v(x)]'$$

$$=\lim_{\Delta x\to 0}\frac{[u(x+\Delta x)+v(x+\Delta x)]-[u(x)+v(x)]}{\Delta x}$$

$$=\lim_{\Delta x\to 0}\frac{[u(x+\Delta x)-u(x)]+[v(x+\Delta x)-v(x)]}{\Delta x}$$

$$=\lim_{\Delta x\to 0}\frac{u(x+\Delta x)-u(x)}{\Delta x}+\lim_{\Delta x\to 0}\frac{v(x+\Delta x)-v(x)}{\Delta x}$$

$$=u'(x)+v'(x).$$

公式(1)可以推广到有限多个函数的代数和的形式,即

$$[u_1(x)\pm u_2(x)\pm\cdots\pm u_n(x)]'=u'_1(x)\pm u'_2(x)\pm\cdots\pm u'_n(x).$$

例 8　设函数 $f(x)=x^3+5x^2-3x+\mathrm{e}$, 求 $f'(x)$.

解　$f'(x)=(x^3+5x^2-3x+\mathrm{e})'$

$$=(x^3)'+(5x^2)'-(3x)'+(\mathrm{e})'$$

$$=3x^2+10x-3.$$

例 9　设函数 $f(x)=x^3\sin x$, 求 $f'(x)$.

解　$f'(x)=(x^3\sin x)'$

$$=(x^3)'\sin x+x^3(\sin x)'$$

$$=3x^2\sin x+x^3\cos x.$$

例 10　设函数 $f(x)=\dfrac{\sin x}{x^2+1}$, 求 $f'(x)$.

解　$f'(x)=\left(\dfrac{\sin x}{x^2+1}\right)'$

$$=\frac{(\sin x)'(x^2+1)-(\sin x)(x^2+1)'}{(x^2+1)^2}$$

$$=\frac{(x^2+1)\cos x-2x\sin x}{(x^2+1)^2}.$$

求下列函数的导数：

(1) $y=2^x+x^2-\pi$；　　(2) $y=e^x\tan x$；

(3) $y=\frac{\ln x}{x^2}$；　　(4) $y=x(e^x-\sin x)$；

(5) $y=\sqrt{x\sqrt{x}}$；　　(6) $y=\frac{e+\sin x}{x}$.

2. 复合函数的求导法则

我们知道，函数 $y=\tan x^3$ 可以看成由 $u=x^3$ 与 $y=\tan u$ 两个函数复合而成；函数 $y=e^{\sin x}$ 可看成由 $u=\sin x$ 与 $y=e^u$ 两个函数复合而成；函数 $f(x)=\sin 2x$ 是由 $u=2x$ 与 $y=\sin u$ 两个函数复合而成的. 像这样由两个(或多个)函数经复合而成的函数称为**复合函数**. 那么如何对复合函数求导呢？它的导数与基本初等函数的导数是否一样呢？我们来看复合函数的求导法则：

定理(链式法则)　若 $u=g(x)$ 在点 x 处可导，而 $y=f(u)$ 在点 $u=g(x)$ 处可导，则复合函数 $y=f(g(x))$ 在点 x 处可导，且其导数为

$$(f(g(x)))'=f'(u)g'(x) \text{ 或 } \frac{dy}{dx}=\frac{dy}{du}\cdot\frac{du}{dx}.$$

例 11　求函数 $y=\sin x^3$ 的导数.

解　函数 $y=\sin x^3$ 是由 $u=x^3$ 与 $y=\sin u$ 复合而成的. 所以由链式法则，有

$$\frac{dy}{dx}=\frac{dy}{du}\cdot\frac{du}{dx}=\frac{d(\sin u)}{du}\cdot\frac{d(x^3)}{dx}$$
$$=\cos u\cdot 3x^2=3x^2\cos x^3.$$

类似地，上面的 $y=\sin 2x$ 的导数为

$$y'=(\sin 2x)'=\cos 2x\cdot(2x)'=2\cos 2x.$$

例 12 求下列函数的导数：

(1) $y=\tan x^3$； (2) $y=e^{\sin x}$；

(3) $y=(2x^2+1)^3$； (4) $y=e^{2x}\cdot\ln x$.

解 (1) 函数 $y=\tan x^3$ 是由 $u=x^3$ 与 $y=\tan u$ 两个函数复合而成的，所以

$$y'=(\tan u)'\cdot(x^3)'=\sec^2 u\cdot 3x^2=3x^2\sec^2 x^3.$$

(2) 函数 $y=e^{\sin x}$ 是由 $u=\sin x$ 与 $y=e^u$ 两个函数复合而成的，所以

$$y'=(e^u)'\cdot(\sin x)'=e^u\cdot\cos x=e^{\sin x}\cdot\cos x.$$

对链式法则逐渐熟练之后，可不用中间变量表示，直接计算出导数.

(3) $$\begin{aligned}y'&=3(2x^2+1)^2\cdot(2x^2+1)'\\&=3(2x^2+1)^2\cdot 4x=12x(2x^2+1)^2.\end{aligned}$$

(4) $$\begin{aligned}y'&=(e^{2x})'\cdot\ln x+e^{2x}\cdot(\ln x)'\\&=[e^{2x}\cdot(2x)']\cdot\ln x+(e^{2x})\cdot\frac{1}{x}\\&=2e^{2x}\cdot\ln x+\frac{e^{2x}}{x}\\&=e^{2x}\left(2\ln x+\frac{1}{x}\right).\end{aligned}$$

设 $v=\varphi(x)$，$u=g(v)$，$y=f(u)$ 皆可导，则复合函数 $y=f(g(\varphi(x)))$ 的导数为 $(f(g(\varphi(x))))'=f'(u)g'(v)\varphi'(x)$ 或 $\frac{dy}{dx}=\frac{dy}{du}\cdot\frac{du}{dv}\cdot\frac{dv}{dx}$.

求下列函数的导数：

(1) $y=\cos ax$，$(a\neq 0)$； (2) $y=\cos^3 x$；

(3) $y=2^{\ln x}$； (4) $y=e^{x^2}$；

(5) $y=\sqrt{x^2+2x}$； (6) $y=\frac{\sin(3x-1)}{\ln(x^2+1)}$.

3. 高阶导数

若函数 $y=f(x)$ 的导数 $f'(x)$ 仍然可导，则 $f'(x)$ 的

导数$[f'(x)]'$称为$f(x)$的二阶导数，记作$f''(x)$，y''，$\dfrac{\mathrm{d}^2 y}{\mathrm{d}x^2}$或$\dfrac{\mathrm{d}^2 f(x)}{\mathrm{d}x^2}$. 相应地，把$f'(x)$称为$f(x)$的一阶导数.

一般地，把$f(x)$的$n-1$阶导数的导数称为$f(x)$的n阶导数，记作$f^{(n)}(x)$，$y^{(n)}$，$\dfrac{\mathrm{d}^n y}{\mathrm{d}x^n}$或$\dfrac{\mathrm{d}^n f(x)}{\mathrm{d}x^n}$.

例 **13**　求下列函数的三阶导数：

(1) $y = x^5$；　　(2) $y = \sin x$；

(3) $y = 3^x + 2x^4 - x + \pi$；　　(4) $y = x\ln x$.

解　(1) $y' = 5x^4$；

$y'' = 5 \cdot 4x^3 = 20x^3$；

$y''' = 20 \cdot 3x^2 = 60x^2$.

(2) $y' = \cos x$；

$y'' = (\cos x)' = -\sin x$；

$y''' = (-\sin x)' = -\cos x$.

(3) $y' = (3^x + 2x^4 - x + \pi)'$

$= (3^x)' + (2x^4)' - (x)' + (\pi)'$

$= 3^x \ln 3 + 8x^3 - 1$；

$y'' = (3^x \ln 3 + 8x^3 - 1)'$

$= (3^x)' \cdot \ln 3 + (8x^3)' - (1)'$

$= 3^x \cdot (\ln 3)^2 + 24x^2$；

$y''' = (3^x \cdot (\ln 3)^2 + 24x^2)'$

$= 3^x \cdot (\ln 3)^3 + 48x$.

(4) $y' = (x\ln x)' = (x)' \cdot \ln x + x \cdot (\ln x)'$

$= \ln x + x \cdot \dfrac{1}{x} = 1 + \ln x$；

$y'' = (1 + \ln x)' = (1)' + (\ln x)' = \dfrac{1}{x}$；

$y''' = \left(\dfrac{1}{x}\right)' = (x^{-1})' = -x^{-2}$.

练一练

1. 求下列函数的三阶导数：

(1) $y=x^5+2x^4-x+3$；　(2) $y=xe^x$.

2. 求下列函数的 n 阶导数：

(1) $y=e^x$；　(2) $y=\frac{1}{x}$.

习题 17.3.2

1. 求下列函数的导数：

(1) $y=2x^4-3x^3+7x-8$；　(2) $y=2^x+x^2+\sqrt{x}$；

(3) $y=a^x(x^3-2x)$；　(4) $y=e^x(\sin x+\cos x)$；

(5) $y=\frac{1-\sqrt{x}}{1+\sqrt{x}}$；　(6) $y=\frac{x+\cos x}{x+\sin x}$.

2. 求下列函数的导数：

(1) $y=(3x-2)^5$；　(2) $y=e^{\sqrt{x}}$；

(3) $y=\sqrt{3-x^3}$；　(4) $y=\ln\cos x$；

(5) $y=\tan(x^2+1)$；　(6) $y=\sin\frac{1}{x}$.

3. 求下列函数的导数：

(1) $y=(x^2-1)(1-2x)^2$；　(2) $y=\ln(x+\sqrt{x^2+4})$；

(3) $y=\left(\frac{x^2}{2x+1}\right)^3$；　(4) $y=x\ln\sin x$；

(5) $y=2^{x^2}-\sin(x^2+1)$；　(6) $y=\ln(x^2-1)\cdot\tan\frac{1}{x}$.

4. 求下列函数的三阶导数：

(1) $y=5x^4+12x^3-10x$；　(2) $y=\sqrt{x}$；

(3) $y=\frac{x+1}{\sqrt{x}}$；　(4) $y=x^2\cos x$.

5. 求下列函数的 n 阶导数：

(1) $y=\sin x$；　(2) $y=e^{2x}$；

(3) $y=\frac{1}{1-x}$；　(4) $y=x\ln x$.

6. 设 $y=\ln(x^2-1)$，求 $y''|_{x=2}$.

17.3.3 导数的应用

1. 中值定理

中值定理是微分学的基本定理，它是由局部性质推断整体性质的有力工具.

定义 **设函数 $f(x)$ 在点 x_0 的某邻域 $(x_0-\delta,\ x_0+\delta)$ 内有定义，若对任意 $x\in(x_0-\delta,\ x_0+\delta)$，恒有**

$$f(x_0)\geqslant f(x)(\text{或 } f(x_0)\leqslant f(x)),$$

则称 $f(x_0)$ 为函数 $f(x)$ 的极大值(或极小值)，称 x_0 为极大值点(或极小值点). 极大值和极小值统称为极值，极大值点和极小值点统称为极值点.

定理(费马(Fermat)定理) **设函数 $f(x)$ 在点 x_0 处可导，且在点 x_0 处取得极值，则必有**

$$f'(x_0)=0.$$

证明 不妨设 $f(x_0)$ 为函数 $f(x)$ 的极大值(对于极小值的情形可类似证明).

由极大值的定义，存在点 x_0 的某邻域 $(x_0-\delta, x_0+\delta)$，有

$$f(x_0)\geqslant f(x_0+\Delta x)，\text{其中 } x+\Delta x\in(x_0-\delta,\ x_0+\delta),$$

即

$$f(x_0+\Delta x)-f(x_0)\leqslant 0.$$

因此

$$\text{当 } \Delta x>0 \text{ 时，}\frac{f(x_0+\Delta x)-f(x_0)}{\Delta x}\leqslant 0,$$

$$\text{当 } \Delta x<0 \text{ 时，}\frac{f(x_0+\Delta x)-f(x_0)}{\Delta x}\geqslant 0,$$

由函数 $f(x)$在点 x_0 处可导和函数极限的性质,得

$$f'(x_0)=f'_+(x_0)=\lim_{\Delta x\to 0^+}\frac{f(x_0+\Delta x)-f(x_0)}{\Delta x}\leqslant 0,$$

$$f'(x_0)=f'_-(x_0)=\lim_{\Delta x\to 0^-}\frac{f(x_0+\Delta x)-f(x_0)}{\Delta x}\geqslant 0,$$

所以

$$f'(x_0)=0.$$

由导数的概念可知,$f'(x_0)$表示函数 $f(x)$在点 x_0 处的变化率,因而 $f'(x_0)=0$ 就表示 $f(x)$在点 x_0 处的变化率为 0,所以把导数 $f'(x)=0$ 的点称为函数 $f(x)$的**稳定点**.

定理(罗尔(Rolle)中值定理) **若函数 $y=f(x)$ 满足**

(1) **在闭区间$[a, b]$上连续;**

(2) **在开区间(a, b)内可导;**

(3) **在两端点处的函数值相等,即 $f(a)=f(b)$,**

则在(a, b)内至少存在一点 ξ,使得

$$f'(\xi)=0.$$

罗尔中值定理容易从图形中得到直观的验证. 如图 17-3-3,对于两端点处的函数值相等且处处可导的连续曲线,不管其形状如何变化,我们都可以在区间内部找到其极值点,由费马定理即可得至少存在一点 ξ,使得 $f'(\xi)=0$.

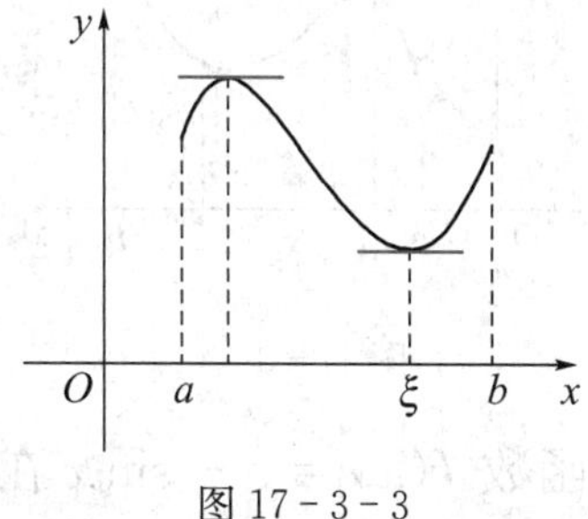

图 17-3-3

例 14 设函数 $f(x)$为 **R** 上的可导函数,证明:若方程 $f'(x)=0$ 没有实根,则方程 $f(x)=0$ 至多只有一个实根.

证明 （反证法）

假设 $f(x)=0$ 有两个实根 x_1，x_2（设 $x_1<x_2$），

则函数 $f(x)$在$[x_1, x_2]$上显然满足罗尔中值定理的三个条件，

从而存在 $\xi\in(x_1, x_2)$，使得 $f'(\xi)=0$，

而这与 $f'(x)\neq 0$ 矛盾，从而命题得证.

定理（拉格朗日（Lagrange）中值定理） **若函数 $y=f(x)$ 满足**

（1）**在闭区间$[a, b]$上连续；**

（2）**在开区间(a, b)内可导；**

则在(a, b)内至少存在一点 ξ，使得

$$f'(\xi)=\frac{f(b)-f(a)}{b-a}$$

或

$$f(b)-f(a)=f'(\xi)(b-a).$$

拉格朗日中值定理同样可以用图形来进行直观地解释说明. 如图 17-3-4，在处处可导的连续曲线上，不管其形状如何变化，我们都可以至少找到一点 ξ，使得曲线上该点处的切线与直线 AB 平行，即斜率相等，而直线 AB 的斜率为$\frac{f(b)-f(a)}{b-a}$，即 $f'(\xi)=\frac{f(b)-f(a)}{b-a}$.

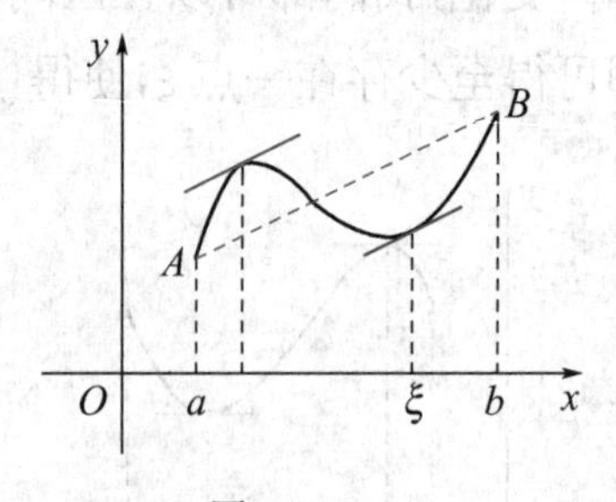

图 17-3-4

例 15 讨论函数 $f(x)=x-\sin x$ 在$[-\pi, \pi]$上是否满足拉格朗日中值定理的条件，如满足，试求出 ξ 值.

解 $f(x)$在$[-\pi, \pi]$上连续，$f'(x)=1-\cos x$，$f(x)$在$(-\pi, \pi)$内可导，即 $f(x)$在$[-\pi, \pi]$上满足拉格朗日中值

定理的条件，所以，至少存在一点 $\xi\in(-\pi,\pi)$，使得

$$f'(\xi)=1-\cos\xi=\frac{f(\pi)-f(-\pi)}{\pi-(-\pi)}=\frac{\pi-(-\pi)}{\pi-(-\pi)}=1.$$

解得　$\xi=\pm\frac{\pi}{2}$，

所以，$f(x)$ 在 $[-\pi,\pi]$ 上满足拉格朗日中值定理的 $\xi=\pm\frac{\pi}{2}$.

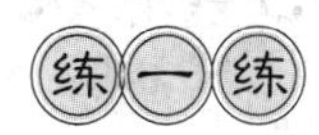

1. 下列函数中，在 $[-1,1]$ 上满足罗尔中值定理条件的是　（　　）

A. $y=1-x^2$　　B. $y=x-1$

C. $y=\frac{1}{x}$　　D. $y=|x|$

2. 设 $y=\frac{1}{x}$ 在 $[1,2]$ 上满足拉格朗日中值定理的条件，则相应的 ξ 值是　（　　）

A. $\frac{\sqrt{3}}{2}$　　B. $\frac{\sqrt{2}}{2}$　　C. $\sqrt{3}$　　D. $\sqrt{2}$

2. 不定式极限

前面我们在求极限的时候遇到过一些两个无穷小(大)量之比的极限. 由于这些极限可能存在，也可能不存在，因此我们把两个无穷小量或无穷大量之比的极限统称为不定式极限，分别记为 $\frac{0}{0}$ 型或 $\frac{\infty}{\infty}$ 型的不定式极限. 洛必达法则为我们提供了一种确定上述不定式极限的相当普遍且有效的方法.

(1) $\frac{0}{0}$ 型不定式

定理（洛必达（L'Hospital）法则Ⅰ）　**若函数 $f(x)$ 与**

$g(x)$满足：

(1) $\lim\limits_{x \to a} f(x) = \lim\limits_{x \to a} g(x) = 0$；

(2) 在点 a 的某空心邻域内可导，且 $g'(x) \neq 0$；

(3) $\lim\limits_{x \to a} \dfrac{f'(x)}{g'(x)} = A$(或 ∞)，

则

$$\lim_{x \to a} \frac{f(x)}{g(x)} = \lim_{x \to a} \frac{f'(x)}{g'(x)}.$$

注　将定理中的 $x \to a$ 换成 $x \to a^{+}$，$x \to a^{-}$，$x \to +\infty$，$x \to -\infty$ 时，相应的结论仍成立.

例 16　求 $\lim\limits_{x \to 2} \dfrac{x^3 - 8}{x - 2}$.

解　$\lim\limits_{x \to 2} \dfrac{x^3 - 8}{x - 2} = \lim\limits_{x \to 2} \dfrac{(x^3 - 8)'}{(x - 2)'} = \lim\limits_{x \to 2} \dfrac{3x^2}{1} = 12.$

例 17　求 $\lim\limits_{x \to 0} \dfrac{1 - \cos x}{x^2}$.

解
$$\lim_{x \to 0} \frac{1 - \cos x}{x^2} = \lim_{x \to 0} \frac{(1 - \cos x)'}{(x^2)'} = \lim_{x \to 0} \frac{\sin x}{2x} = \frac{1}{2}.$$

例 18　求 $\lim\limits_{x \to 0} \dfrac{\ln(1 + x)}{x^2}$.

解
$$\lim_{x \to 0} \frac{\ln(1 + x)}{x^2} = \lim_{x \to 0} \frac{(\ln(1 + x))'}{(x^2)'} = \lim_{x \to 0} \frac{\frac{1}{1 + x}}{2x} = \lim_{x \to 0} \frac{1}{2x(1 + x)} = \infty.$$

例 19　求 $\lim\limits_{x \to 0} \dfrac{x - \sin x}{x^3}$.

解
$$\lim_{x \to 0} \frac{x - \sin x}{x^3} = \lim_{x \to 0} \frac{(x - \sin x)'}{(x^3)'} = \lim_{x \to 0} \frac{1 - \cos x}{3x^2} = \lim_{x \to 0} \frac{(1 - \cos x)'}{(3x^2)'} = \lim_{x \to 0} \frac{\sin x}{6x} = \frac{1}{6}.$$

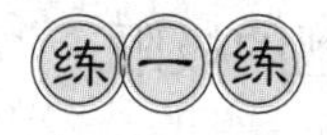

求下列极限：

(1) $\lim\limits_{x\to 1}\dfrac{x^2-1}{\ln x}$；　(2) $\lim\limits_{x\to 0}\dfrac{e^x-1}{x^2-x}$；

(3) $\lim\limits_{x\to 1}\dfrac{x^2+x-2}{x^3-1}$；　(4) $\lim\limits_{x\to 1}\dfrac{\sin(x-1)}{x^2+5x-6}$.

(2) $\dfrac{\infty}{\infty}$型不定式

定理(洛必达(L'Hospital)法则Ⅱ)　若函数 $f(x)$与 $g(x)$满足

(1) $\lim\limits_{x\to a}f(x)=\lim\limits_{x\to a}g(x)=\infty$；

(2) **在点 a 的某空心邻域内可导，且 $g'(x)\neq 0$**；

(3) $\lim\limits_{x\to a}\dfrac{f'(x)}{g'(x)}=A$(**或** ∞)，

则

$$\lim_{x\to a}\frac{f(x)}{g(x)}=\lim_{x\to a}\frac{f'(x)}{g'(x)}.$$

将定理中的 $x\to a$ 换成 $x\to a^+$，$x\to a^-$，$x\to+\infty$，$x\to-\infty$时，相应的结论仍成立.

例 20　求 $\lim\limits_{x\to+\infty}\dfrac{\ln x}{x}$.

解　$\lim\limits_{x\to+\infty}\dfrac{\ln x}{x}=\lim\limits_{x\to+\infty}\dfrac{(\ln x)'}{(x)'}=\lim\limits_{x\to+\infty}\dfrac{\frac{1}{x}}{1}=0.$

例 21　求 $\lim\limits_{x\to+\infty}\dfrac{e^x}{x^3}$.

解
$$\lim_{x\to+\infty}\frac{e^x}{x^3}=\lim_{x\to+\infty}\frac{(e^x)'}{(x^3)'}=\lim_{x\to+\infty}\frac{e^x}{3x^2}$$
$$=\lim_{x\to+\infty}\frac{(e^x)'}{(3x^2)'}=\lim_{x\to+\infty}\frac{e^x}{6x}$$
$$=\lim_{x\to+\infty}\frac{(e^x)'}{(6x)'}=\lim_{x\to+\infty}\frac{e^x}{6}=+\infty.$$

(3) 其他不定式极限

不定式极限还有 $0\cdot\infty$，1^∞，0^0，∞^0，$\infty-\infty$等类型. 一

般都可以经过简单变换，将其转化为$\frac{0}{0}$型或$\frac{\infty}{\infty}$型的极限.

例 22 求 $\lim\limits_{x\to 0^+} x\ln x$.

解 这是一个 $0\cdot\infty$型不定式极限. 只需将其变形为$\frac{\ln x}{\frac{1}{x}}$，就转化成了$\frac{\infty}{\infty}$型的极限，再用洛必达法则.

$$\lim_{x\to 0^+} x\ln x = \lim_{x\to 0^+}\frac{\ln x}{\frac{1}{x}} = \lim_{x\to 0^+}\frac{(\ln x)'}{\left(\frac{1}{x}\right)'}$$

$$= \lim_{x\to 0^+}\frac{\frac{1}{x}}{-\frac{1}{x^2}} = \lim_{x\to 0^+}(-x) = 0.$$

例 23 求 $\lim\limits_{x\to 0}\left(\frac{1}{\sin x}-\frac{1}{x}\right)$.

解 这是一个$\infty-\infty$型不定式极限. 只需将其通分，就转化成了$\frac{0}{0}$型的极限，再用洛必达法则.

$$\lim_{x\to 0}\left(\frac{1}{\sin x}-\frac{1}{x}\right) = \lim_{x\to 0}\frac{x-\sin x}{x\sin x} = \lim_{x\to 0}\frac{(x-\sin x)'}{(x\sin x)'}$$

$$= \lim_{x\to 0}\frac{1-\cos x}{\sin x + x\cos x}$$

$$= \lim_{x\to 0}\frac{(1-\cos x)'}{(\sin x + x\cos x)'}$$

$$= \lim_{x\to 0}\frac{\sin x}{2\cos x - x\sin x} = 0.$$

例 24 求 $\lim\limits_{x\to 0^+} x^x$.

解 $\lim\limits_{x\to 0^+} x^x = \lim\limits_{x\to 0^+} e^{x\ln x} = e^{\lim\limits_{x\to 0^+} x\ln x} = e^0 = 1$（利用例 22 的结论）.

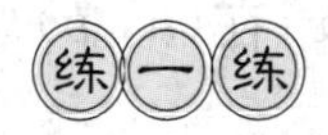

1. 求下列极限：

(1) $\lim\limits_{x\to+\infty}\dfrac{\ln x}{x^3}$；　　(2) $\lim\limits_{x\to0^+}\dfrac{\ln x}{\cot x}$；

(3) $\lim\limits_{x\to\frac{\pi}{2}^+}\dfrac{\ln\left(x-\frac{\pi}{2}\right)}{\tan x}$.

2. 求下列极限：

(1) $\lim\limits_{x\to1}\left(\dfrac{1}{x-1}-\dfrac{2}{x^2-1}\right)$；　　(2) $\lim\limits_{x\to1}x^{\frac{1}{1-x}}$；

(3) $\lim\limits_{x\to+\infty}x^{\frac{1}{x}}$.

3. 函数的单调性

由导数的几何意义：函数 $f(x)$ 在点 x_0 处的导数 $f'(x_0)$ 是曲线 $y=f(x)$ 在点 $(x_0, f(x_0))$ 处切线的斜率，即 $k=f'(x_0)$. 观察图 17-3-5，可以发现，当函数 $y=f(x)$ 在区间 (a, b) 内单调递增时，其切线斜率 $k\geqslant0$；当函数 $y=f(x)$ 在区间 (a, b) 内单调递减时，其切线斜率 $k\leqslant0$. 那么，反过来，能否用导数来判断函数的单调性呢？我们有下面的定理：

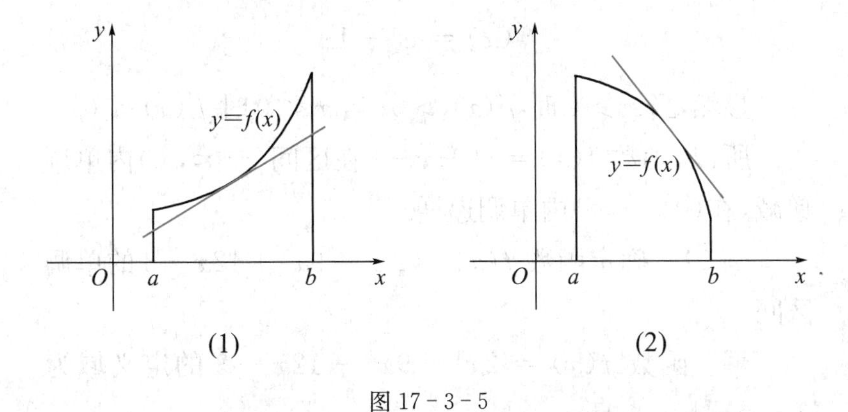

图 17-3-5

定理　**设函数 $f(x)$ 在区间 (a, b) 内可导，**

(1) 若在(a, b)内恒有 $f'(x)>0$，则 $f(x)$在(a, b)内单调递增；

(2) 若在(a, b)内恒有 $f'(x)<0$，则 $f(x)$在(a, b)内单调递减.

证明　在区间(a, b)内任取两点 x_1，x_2，且 $x_1<x_2$. 在$[x_1, x_2]$上对函数 $f(x)$运用拉格朗日中值定理，必存在一点 $\xi\in(a, b)$，使得

$$f(x_2)-f(x_1)=f'(\xi)(x_2-x_1).$$

(1) 若恒有 $f'(x)>0$，则 $f(x_2)-f(x_1)>0$，即 $f(x_1)<f(x_2)$，故 $f(x)$在(a, b)内单调递增；

(2) 若恒有 $f'(x)<0$，则 $f(x_2)-f(x_1)<0$，即 $f(x_1)>f(x_2)$，故 $f(x)$在(a, b)内单调递减.

例 25　判定函数 $f(x)=x-\sin x$ 在区间$(0, 2\pi)$内的单调性.

解　由于

$$f'(x)=(x-\sin x)'=1-\cos x>0 \quad (x\in(0, 2\pi)),$$

所以 $f(x)$在区间$(0, 2\pi)$内单调递增.

例 26　讨论函数 $f(x)=e^x-x-1$ 的单调性.

解　函数 $f(x)=e^x-x-1$ 的定义域为$(-\infty, +\infty)$，且

$$f'(x)=e^x-1.$$

显然，当 $x>0$ 时 $f'(x)>0$；当 $x<0$ 时 $f'(x)<0$.

所以，函数 $f(x)=e^x-x-1$ 在区间$(-\infty, 0)$内单调递减，在$(0, +\infty)$内单调递增.

函数 $f(x)$在 $x=0$ 处连续，因此，常将 $x=0$ 这一点也纳入单调区间中，即 $f(x)$在$(-\infty, 0]$上单调递减，在$[0, +\infty)$上单调递增.

例 27　确定函数 $f(x)=2x^3-9x^2+12x-3$ 的单调区间.

解　函数 $f(x)=2x^3-9x^2+12x-3$ 的定义域为$(-\infty, +\infty)$，且

$$f'(x)=6x^2-18x+12=6(x-1)(x-2),$$

令 $f'(x)=0$，解得

$$x_1=1,\ x_2=2.$$

这两个根把定义域分成了$(-\infty,1]$，$[1,2]$和$[2,+\infty)$三个部分，列表如下：

x	$(-\infty, 1)$	1	$(1, 2)$	2	$(2, +\infty)$
$f'(x)$	$+$	0	$-$	0	$+$

由上表可知，函数 $f(x)=2x^3-9x^2+12x-3$ 在区间$(-\infty,1]$和$[2,+\infty)$上单调递增；在区间$[1,2]$上单调递减.

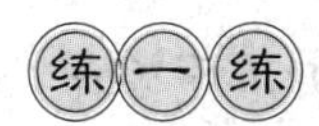

1. 求下列函数的单调区间：

(1) $y=x-e^x$；　　(2) $y=2x^2-\ln x$；

(3) $y=2x^3-6x^2-18x-7$.

2. 判断函数 $y=x-\ln(1+x^2)$ 的单调性.

4. 函数的极大值与极小值

观察函数 $y=f(x)$ $(x\in[a,b])$ 的图象（图 17-3-6）：

(1) 找出函数 $y=f(x)$ 的极大值点与极小值点；

(2) 观察函数的极大（小）值及函数在极大（小）值点的左、右邻域内的单调性，你能发现什么规律吗？

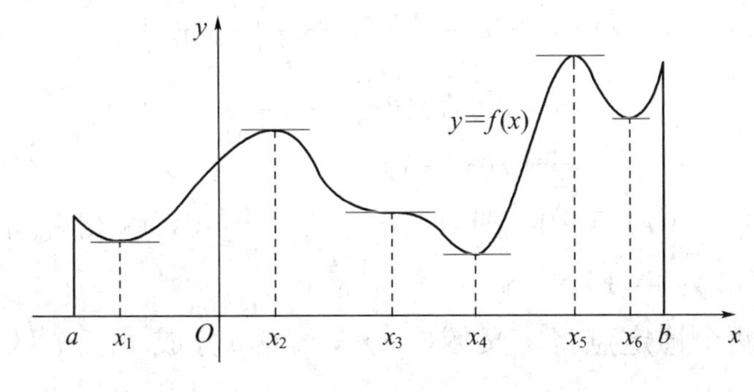

图 17-3-6

观察上图可以发现，x_2，x_5 是函数的极大值点，x_1，x_4，x_6 是函数的极小值点. 相应的 $f(x_2)$，$f(x_5)$为函数的极大值，且函数在 x_2，x_5 的左邻域内单调递增、右邻域内单调递减；$f(x_1)$，$f(x_4)$，$f(x_6)$为函数的极小值，且函数在 x_1，x_4，x_6 的左邻域内单调递减、右邻域内单调递增. 函数在点 x_3 的左右邻域内单调性不变，x_3 不是函数的极值点. 一般地，有如下结论：

定理　**设函数 $f(x)$在点 x_0 的某邻域$(x_0-\delta, x_0+\delta)$内可导，且 $f'(x_0)=0$.**

(1) 若 $x\in(x_0-\delta, x_0)$ 时，$f'(x)>0$，而 $x\in(x_0, x_0+\delta)$ 时，$f'(x)<0$，则 $f(x)$在点 x_0 处取得极大值；

(2) 若 $x\in(x_0-\delta, x_0)$ 时，$f'(x)<0$，而 $x\in(x_0, x_0+\delta)$ 时，$f'(x)>0$，则 $f(x)$在点 x_0 处取得极小值；

(3) 若 $x\in(x_0-\delta, x_0)\cup(x_0, x_0+\delta)$ 时，$f'(x)$的符号保持不变，则在点 x_0 处不取极值.

根据上述定理，我们可以得出求可导函数 $f(x)$的极值的一般步骤：

(1) 求函数 $f(x)$的导数 $f'(x)$；

(2) 令 $f'(x)=0$，解得稳定点；

(3) 根据导数 $f'(x)$在稳定点处的左右邻域内的正负情况，确定函数 $f(x)$在稳定点处是否取得极值.

例 28　求函数 $f(x)=(x-1)^3\left(x+\frac{1}{3}\right)$ 的极值点和极值.

解　$$\begin{aligned} f'(x) &= 3(x-1)^2\left(x+\frac{1}{3}\right)+(x-1)^3 \\ &= (x-1)^2(3x+1+x-1) \\ &= 4x(x-1)^2. \end{aligned}$$

令 $f'(x)=0$，即 $4x(x-1)^2=0$，解得稳定点 $x_1=0, x_2=1$

两个稳定点将定义域$(-\infty, +\infty)$分成了三个区间，列表如下：

x	$(-\infty, 0)$	0	$(0, 1)$	1	$(1, +\infty)$
$f'(x)$	$-$	0	$+$	0	$+$
$f(x)$	↘	极小值$-\frac{1}{3}$	↗	不取极值	↗

由上表可知，$x=0$ 是函数的极小值点，极小值为 $f(0)=-\frac{1}{3}$.

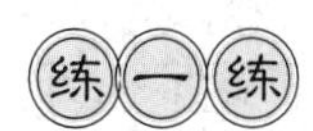

求下列函数的极值点与极值：

(1) $y=x^3-3x^2+2$；　　(2) $y=x-\ln x$；

(3) $y=x^2\mathrm{e}^{-x}$.

5. 函数的最大值与最小值

在工农业生产、工程技术及科学实验中，常常会遇到这样一类问题：在一定条件下，怎样使“产品最多”、“用料最省”、“成本最低”、“效率最高”等，这类问题在数学上可归结为求某一函数的最大值或最小值问题. 最大值与最小值统称为最值.

根据性质“闭区间上的连续函数必有最大值与最小值”，连续函数 $f(x)$ 在闭区间 $[a, b]$ 上的最大值与最小值一定存在. 又若函数 $f(x)$ 在开区间 (a, b) 内可导，再根据函数极值点的定义，$f(x)$ 的最值点必是其极值点，而极值点必定是稳定点. 所以，求可导函数在闭区间 $[a, b]$ 上的最大值与最小值可归纳为如下步骤：

(1) 求函数 $f(x)$ 的导数 $f'(x)$；

(2) 令 $f'(x)=0$，解得稳定点；

(3) 比较函数 $f(x)$ 在两个端点及各稳定点处的函数值，其中最大的值即为函数的最大值，最小的值即函数的最小值.

例 29 求函数 $f(x)=x^5-5x^4+5x^3+1$ 在 $[-1, 4]$ 上的最大值与最小值.

解 $f'(x)=5x^4-20x^3+15x^2=5x^2(x-1)(x-3)$,

令 $f'(x)=0$, 即 $5x^2(x-1)(x-3)=0$,

解得稳定点 $x_1=0, x_2=1, x_3=3$.

根据稳定点及定义域 $[-1, 4]$ 列表如下:

x	-1	$(-1, 0)$	0	$(0, 1)$	1	$(1, 3)$	3	$(3, 4)$	4
$f'(x)$		$+$	0	$+$	0	$-$	0	$+$	
$f(x)$	-10	↗	不取极值	↗	极大值 2	↘	极小值 -26	↗	65

由上表可知,当 $x=3$ 时函数取得最小值 -26; 当 $x=4$ 时函数取得最大值 65.

例 30 已知某商品生产成本 C 与产量 q 的函数关系式为 $C=100+4q$, 价格 p 与产量 q 的函数关系式为 $p=25-\frac{1}{8}q$. 求产量 q 为何值时,利润 L 最大?

解 总收入 $R=q\cdot p=q\left(25-\frac{1}{8}q\right)=25q-\frac{1}{8}q^2$,

$$利润\ L=R-C=\left(25q-\frac{q^2}{8}\right)-(100+4q)$$

$$=-\frac{q^2}{8}+21q-100\quad(0<q<100),$$

$$L'=-\frac{1}{4}q+21.$$

令 $L'=0$, 即 $-\frac{1}{4}q+21=0$, 求得极值点 $q=84$.

q	$(0, 84)$	84	$(84, +\infty)$
$L'(q)$	$+$	0	$-$
$L(q)$	↗	极大值 782	↘

答:当产量为 84 时,利润 L 达到最大值 782.

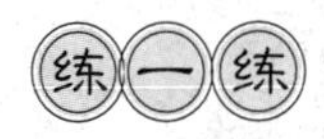

1. 求下列函数在给定区间上的最大值与最小值：

(1) $y=x^4-2x^2+5, x\in[-2, 2]$；

(2) $y=\ln(x^2+1), x\in[-1, 2]$.

2. 把一根长为 4 m 的铅丝切成两段，一段围成圆形，一段围成正方形，问这两段铅丝各长多少时，圆形与正方形面积的和最小？

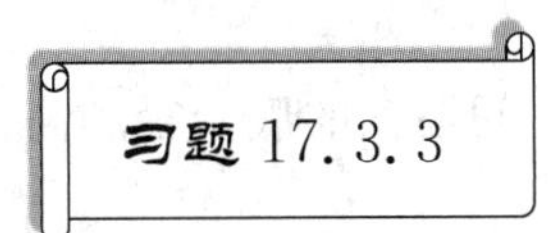

习题 17.3.3

1. 下列函数中，在$[1,e]$上满足拉格朗日中值定理条件的是（　　）

A. $\ln(x-1)$　　B. $\ln\ln x$

C. $\ln x$　　D. $\dfrac{1}{\ln x}$

2. 函数 $y=\dfrac{1}{x}$在区间$[1, 2]$上满足拉格朗日中值定理条件，求相应的ξ值.

3. 求下列极限：

(1) $\lim\limits_{x\to 1}\dfrac{x^5-1}{x-1}$；　　(2) $\lim\limits_{x\to 0}\dfrac{e^x-1}{\sin x}$；

(3) $\lim\limits_{x\to 0}\dfrac{e^x-e^{-x}}{x}$；　　(4) $\lim\limits_{x\to 1}\dfrac{\ln x}{x-1}$.

4. 求下列极限：

(1) $\lim\limits_{x\to+\infty}\dfrac{\ln x}{x^4}$；　　(2) $\lim\limits_{x\to+\infty}\dfrac{x^3}{e^x}$；

(3) $\lim\limits_{x\to 0^+}\dfrac{\ln\tan\left(\dfrac{\pi}{2}-x\right)}{\ln x}$；　　(4) $\lim\limits_{x\to+\infty}\dfrac{e^x}{x^2+\ln x}$.

5. 求下列极限：

(1) $\lim\limits_{x\to 0}\left(\dfrac{1}{x}-\dfrac{1}{e^x-1}\right)$；　　(2) $\lim\limits_{x\to\infty}\left[x(e^{\frac{1}{x}}-1)\right]$；

(3) $\lim\limits_{x\to 0^+}x^{\sin x}$；　　(4) $\lim\limits_{x\to 0^+}x^2\ln x$.

6. 求下列函数的单调区间：

(1) $f(x)=x^3-3x^2+1$；　　(2) $f(x)=\ln(1+x^2)$；

(3) $f(x)=x-\ln(1+x)$.

7. 求下列函数的极值点与极值：

(1) $f(x)=x^3-3x$；

(2) $f(x)=2x^3-3x^2-12x+3$；

(3) $f(x)=12x^5-45x^4+40x^3+3$.

8. 求下列函数在给定区间上的最大值与最小值：

(1) $f(x)=2x^3-12x^2+3,[-1,7]$；

(2) $f(x)=2x^3+3x^2-12x-1,[-3,4]$；

(3) $f(x)=x^4-8x^2,[-1,4]$.

9. 造一个容积为 V 的有盖圆柱形油桶，问油桶的底半径和高各为多少时，所用材料最省？

10. 窗户的上部为半圆形，下部为长方形，周长是20 m，问如何设计才能使得窗户的面积最大？

17.3.4　微分及其应用

1. 微分的定义

问题　一块正方形金属薄片受温度变化的影响，其边长由 x_0 变到 $x_0+\Delta x$（图 17－3－7），问此薄片的面积改变了多少？

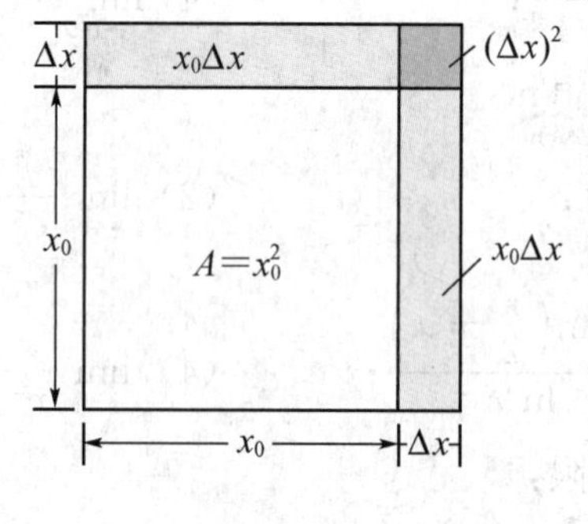

图 17－3－7

根据图形，面积的增量

$$\Delta A=(x_0+\Delta x)^2-x_0^2=2x_0\Delta x+(\Delta x)^2,$$

当 $\Delta x\to 0$ 时，

$$\Delta A=2x_0\Delta x+o(\Delta x),$$

由此可见，当边长改变量 $|\Delta x|$ 很小时，面积的改变量 ΔA 可近似地用 $2x_0\Delta x$ 来代替.

定义　设函数 $y=f(x)$ 在点 x_0 的某邻域 $U(x_0)$ 内有定义，当给 x_0 一个增量 Δx，$x_0+\Delta x\in U(x_0)$ 时，相应地得到函数的增量

$U(x_0)=(x_0-\delta,x_0+\delta)$，其中 δ 为可任意小的正数.

$$\Delta y=f(x_0+\Delta x)-f(x_0),$$

如果存在不依赖于 Δx 的常数 A，使得 Δy 可表示为

$$\Delta y=A\Delta x+o(\Delta x),$$

则称函数 $y=f(x)$ 在点 x_0 处**可微**，$A\Delta x$ 叫作函数 $y=f(x)$ 在点 x_0 处相应于自变量增量 Δx 的**微分**，记作 $\mathrm{d}y|_{x=x_0}$，即

$$\mathrm{d}y|_{x=x_0}=A\Delta x.$$

若函数 $y=f(x)$ 在点 x_0 处可导，则由函数 $y=f(x)$ 在点 x_0 处的微分及导数的定义可知：

$$f'(x_0)=\lim_{\Delta x\to 0}\frac{\Delta y}{\Delta x}=\lim_{\Delta x\to 0}\frac{A\Delta x+o(\Delta x)}{\Delta x}=A.$$

由此容易看出，函数 $f(x)$ 在点 x_0 处可导和可微是等价的，而且这个常数 A 就等于 $f'(x_0)$，即

$$\mathrm{d}y|_{x=x_0}=f'(x_0)\Delta x.$$

所以，若函数 $y=f(x)$ 在某个开区间 (a, b) 内可导，则函数 $f(x)$ 在区间 (a, b) 内的任一点 x 处的微分为

$$\mathrm{d}y=f'(x)\Delta x.$$

当 $|\Delta x|$ 很小时，我们还可以利用 $\Delta y\approx \mathrm{d}y=f'(x)\Delta x$，以 $\mathrm{d}y$ 的值近似地代替 Δy，为我们的实际应用

带来了很大的方便.

现在再来看自变量的微分. 设 $y=x$, 则

$$\mathrm{d}x=\mathrm{d}y=(x)'\Delta x=\Delta x,$$

即自变量 x 的微分就等于改变量: $\mathrm{d}x=\Delta x$. 由此, $\mathrm{d}y=f'(x)\Delta x$ 即

$$\mathrm{d}y=f'(x)\mathrm{d}x,$$

从而

$$\frac{\mathrm{d}y}{\mathrm{d}x}=f'(x).$$

在最初引进导数符号$\frac{\mathrm{d}y}{\mathrm{d}x}$的时候,一直将它作为一个不可分割的记号来用,其中 $\mathrm{d}y$ 与 $\mathrm{d}x$ 是不可拆开的. 而现在看来,$\frac{\mathrm{d}y}{\mathrm{d}x}$不仅可看成是导数的一个符号,也可看作函数微分与自变量微分之商. 所以,导数又称为微商. 这样,我们就可以利用求导公式及法则比较容易地推导出微分的运算.

2. 微分的运算

(1) 基本初等函数的微分公式

① $\mathrm{d}(c)=0$ (c 为常数);

② $\mathrm{d}(x^{\alpha})=\alpha x^{\alpha-1}\mathrm{d}x$ (α 为任意实数, $x>0$);

③ $\mathrm{d}(\sin x)=\cos x\mathrm{d}x$, $\mathrm{d}(\cos x)=-\sin x\mathrm{d}x$,

$\mathrm{d}(\tan x)=\sec^2 x\mathrm{d}x$, $\mathrm{d}(\cot x)=-\csc^2 x\mathrm{d}x$,

$\mathrm{d}(\sec x)=\sec x\tan x\mathrm{d}x$,

$\mathrm{d}(\csc x)=-\csc x\cot x\mathrm{d}x$;

④ $\mathrm{d}(\arcsin x)=\frac{1}{\sqrt{1-x^2}}\mathrm{d}x$,

$\mathrm{d}(\arccos x)=-\frac{1}{\sqrt{1-x^2}}\mathrm{d}x$,

$$d(\arctan x)=\frac{1}{1+x^2}dx,$$

$$d(\text{arccot}\, x)=-\frac{1}{1+x^2}dx;$$

⑤ $d(a^x)=a^x\ln a dx$，　　$d(e^x)=e^x dx$；

⑥ $d(\log_a x)=\frac{1}{x\ln a}dx$，　　$d(\ln x)=\frac{1}{x}dx$.

已知函数 $y=x^3-2x-1$，在 $x_0=1$ 处取 $\Delta x=1, 0.1, 0.01$ 时，分别计算函数的 Δy 与 dy. 并尝试分析两者的变化趋势.

(2) 两个函数的和、差、积、商的微分法则

设函数 $u(x)$、$v(x)$在点 x 处可微，则

① $d(u\pm v)=du\pm dv$；

② $d(u\cdot v)=vdu+udv$，特别地，$d(cu)=cdu$　(c 为常数)；

③ $d\left(\frac{u}{v}\right)=\frac{vdu-udv}{v^2}$　$(v\neq 0)$.

(3) 复合函数的微分法则

设 $y=f(u)$ 及 $u=\varphi(x)$ 都可导，则复合函数 $y=f[\varphi(x)]$ 的微分为

$$dy=y'_x dx=f'(u)\varphi'(x)dx.$$

由于 $\varphi'(x)dx=du$，所以，复合函数 $y=f[\varphi(x)]$ 的微分公式也可以写成

$$dy=f'(u)du \text{ 或 } dy=y'_u du.$$

由此可见，无论 u 是自变量还是另一个变量的可微函数，微分形式 $dy=f'(u)du$ 保持不变. 这一性质称为一阶微分形式的不变性. 这个性质表示，当变换自变量时(即设 u 为另一变量的任一可微函数时)，微分形式 $dy=$

$f'(u)\mathrm{d}u$ 不改变.

例 31 求下列函数的微分:

(1) $y = x^2 + \sin x$; (2) $y = x\mathrm{e}^x$;

(3) $y = (3x - 1)^{100}$.

解 (1) $\mathrm{d}y = (x^2 + \sin x)'\mathrm{d}x = (2x + \cos x)\mathrm{d}x$;

(2) $\mathrm{d}y = (x\mathrm{e}^x)'\mathrm{d}x = \mathrm{e}^x(1 + x)\mathrm{d}x$;

(3) $\mathrm{d}y = 100(3x - 1)^{99} \cdot (3x - 1)'\mathrm{d}x$

$= 300(3x - 1)^{99}\mathrm{d}x$.

例 32 在下列等式左端的括号内填入适当的函数,使等式成立:

(1) $\mathrm{d}(\qquad) = x^2\mathrm{d}x$;

(2) $\mathrm{d}(\qquad) = x\mathrm{e}^{x^2}\mathrm{d}x$;

(3) $\mathrm{d}(\qquad) = a^x\mathrm{d}x$;

(4) $\mathrm{d}(\qquad) = \cos x\sin^2 x\mathrm{d}x$.

解 (1) 由于 $\mathrm{d}x^3 = 3x^2\mathrm{d}x$,

所以 $x^2\mathrm{d}x = \frac{1}{3}\mathrm{d}(x^3) = \mathrm{d}\left(\frac{x^3}{3}\right)$,

即 $\mathrm{d}\left(\frac{x^3}{3}\right) = x^2\mathrm{d}x$.

一般地,有 $\mathrm{d}\left(\frac{x^3}{3} + C\right) = x^2\mathrm{d}x$ (C 为任意常数).

(2) 由于 $\mathrm{d}(\mathrm{e}^{x^2}) = 2x\mathrm{e}^{x^2}\mathrm{d}x$,

所以 $x\mathrm{e}^{x^2}\mathrm{d}x = \frac{1}{2}\mathrm{d}(\mathrm{e}^{x^2}) = \mathrm{d}\left(\frac{\mathrm{e}^{x^2}}{2}\right)$,

即 $\mathrm{d}\left(\frac{\mathrm{e}^{x^2}}{2}\right) = x\mathrm{e}^{x^2}\mathrm{d}x$.

一般地,有 $\mathrm{d}\left(\frac{\mathrm{e}^{x^2}}{2} + C\right) = x\mathrm{e}^{x^2}\mathrm{d}x$ (C 为任意常数).

(3) 由于 $\mathrm{d}a^x = a^x\ln a\mathrm{d}x$,

所以 $a^x\mathrm{d}x = \frac{1}{\ln a}\mathrm{d}(a^x) = \mathrm{d}\left(\frac{a^x}{\ln a}\right)$,

即 $\mathrm{d}\left(\frac{a^x}{\ln a}\right) = a^x\mathrm{d}x$.

一般地，有 $\mathrm{d}\left(\frac{a^x}{\ln a}+C\right)=a^x\mathrm{d}x$ （C 为任意常数）.

（4）由于 $\cos x\sin^2 x\mathrm{d}x=\sin^2 x\mathrm{d}\sin x\xlongequal{令 u=\sin x}u^2\mathrm{d}u$

$=\mathrm{d}\left(\frac{u^3}{3}\right)$，

所以 $\cos x\sin^2 x\mathrm{d}x=\mathrm{d}\left(\frac{\sin^3 x}{3}\right)$，

即 $\mathrm{d}\left(\frac{\sin^3 x}{3}\right)=\cos x\sin^2 x\mathrm{d}x$.

一般地，有 $\mathrm{d}\left(\frac{\sin^3 x}{3}+C\right)=\cos x\sin^2 x\mathrm{d}x$ （C 为任意常数）.

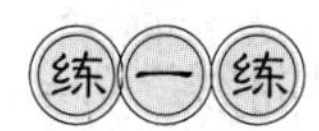

1. 求下列函数的微分：

（1）$y=3x^2+2x$；　　（2）$y=x^2\ln x$；

（3）$y=\frac{2^x}{\sin x}$；　　（4）$y=\sqrt{x^2+1}$.

2. 在下列等式左端的括号内填入适当的函数，使等式成立：

（1）$\mathrm{d}(\quad)=3\mathrm{d}x$；　　（2）$\mathrm{d}(\quad)=3x\mathrm{d}x$；

（3）$\mathrm{d}(\quad)=\frac{1}{1+u}\mathrm{d}u$；　　（4）$\mathrm{d}(\quad)=\frac{1}{x^2}\mathrm{d}x$；

（5）$\mathrm{d}(\quad)=3^x\mathrm{d}x$；

（6）$\mathrm{d}(\quad)=\sin x\cos^2 x\mathrm{d}x$.

3. 微分的几何意义

为了对微分有比较直观的了解，我们来看看微分的几何意义.

在直角坐标系中，已知函数 $y=f(x)$ 的图象如图 17-3-8 所示，且函数 $f(x)$ 在点 x_0 处可微，点 $M(x_0, y_0)$ 是曲线上的一点，直线 MT 是过点 x_0 处曲线的切线，设其

倾斜角为 α. 当给 x_0 微小增量 Δx 时，相应地得到曲线上另一点 $N(x_0+\Delta x,\ y_0+\Delta y)$. 显然，有向线段 $MQ=\Delta x$，$QN=\Delta y$，$k_{MT}=f'(x_0)=\tan\alpha$.

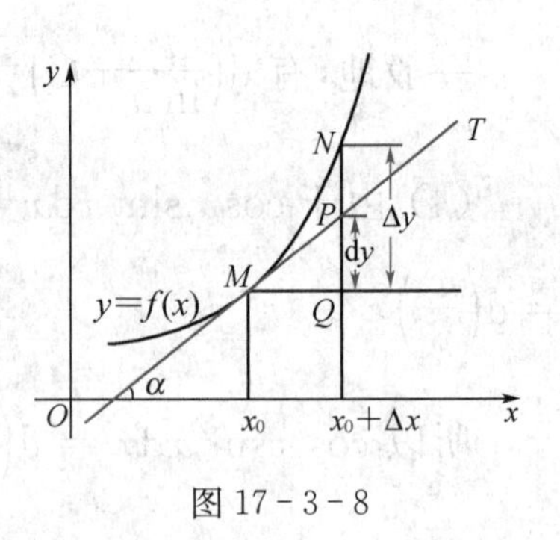

图 17-3-8

再根据函数 $f(x)$ 在点 x_0 处的微分的定义，

$$\mathrm{d}y|_{x=x_0}=f'(x_0)\Delta x=MQ\cdot\tan\alpha=QP,$$

即有向线段 QP 的值就表示了函数 $f(x)$ 在点 x_0 处的微分的几何意义.

由图可得，当 $|\Delta x|$ 很小时，$\mathrm{d}y\approx\Delta y$. 这样"曲线" $y=f(x)$ 的改变量 Δy，可以用"直线"（即切线）的改变量 $\mathrm{d}y$ 来近似代替，或者说在局部上可"以直代曲". 这正如恩格斯所说："在一定条件下，直线与曲线应当是一回事"，这正是微积分学的基本思想之一.

4. 微分在近似计算中的应用

设函数 $y=f(x)$ 在开区间 (a,b) 内可微，根据微分的定义，当 $|\Delta x|$ 很小时，$\Delta y\approx\mathrm{d}y$，即

$$\Delta y=f(x_0+\Delta x)-f(x_0)\approx f'(x_0)\Delta x,$$

即 $f(x_0+\Delta x)\approx f(x_0)+f'(x_0)\Delta x$.

这两个近似计算公式，在工程设计和科学研究中有着广泛的应用.

例 33 计算 $\sqrt{4.02}$ 的近似值.

解 设 $f(x)=\sqrt{x}$，

则 $f'(x)=(\sqrt{x})'=\dfrac{1}{2\sqrt{x}}$，取 $x_0=4$，$\Delta x=0.02$，得

$$f(x_0+\Delta x)\approx f(x_0)+f'(x_0)\Delta x,$$

即　$f(4+0.02)\approx f(4)+f'(4)\cdot 0.02$，

即 $\sqrt{4+0.02}=\sqrt{4.02}\approx\sqrt{4}+\dfrac{1}{2\sqrt{4}}\times 0.02=2.005$.

1. 已知函数 $y=f(x)$ 的图象及其在点 M 处的切线 MT 如图所示. 当给自变量 x_0 以增量 Δx 时，请在图上用线段标明函数的增量 Δy 及微分 dy，并根据图形指出其取值的正负.

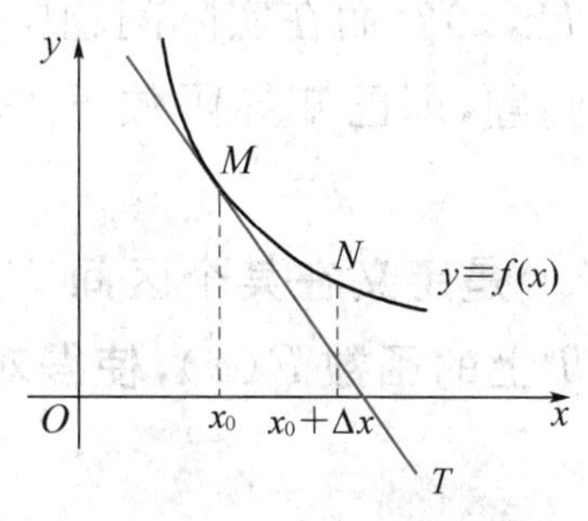

2. 利用微分，求下列近似值：

(1) $(0.98)^8$；　　(2) $\sqrt[3]{1\,002}$.

习题 17.3.4

1. 求下列函数的微分：

(1) $y=2x^2-5x+2$；　　(2) $y=\sin x+x\ln x$；

(3) $y=\dfrac{\ln x}{x^2}$；　　(4) $y=(\arctan x)^3$.

2. 在下列等式左端的括号内填入适当的函数，使等式成立：

(1) $d(\quad)=2dx$；　　(2) $d(\quad)=(x+1)dx$；

(3) $d(\quad)=\dfrac{1}{x}dx$；　　(4) $d(\quad)=\left(\dfrac{1}{2}\right)^x dx$；

(5) $d(\quad)=\dfrac{1}{\cos^2 x}dx$；　　(6) $d(\quad)=\sin 3x dx$.

3. 利用微分，求下列近似值：

(1) $e^{-0.01}$；　　(2) $\ln 1.05$；　　(3) $\sqrt[4]{82}$.

17.4 微分与积分的统一

17.4.1 微积分学基本定理·定积分计算

1. 原函数

微分学讨论的基本问题是:已知一个函数 $F(x)$,如何求出它的导函数 $F'(x)$? 而在实际问题中,往往也会需要研究与此相反的问题,即已知导函数 $F'(x)$,需要求出原来的函数 $F(x)$.

定义 **设 $f(x)$ 是定义在某个区间 I 上的已知函数,如果存在定义在 I 上的函数 $F(x)$,使得对于 I 内的任何一点 x,都有**

$$F'(x)=f(x)(\text{或 } \mathrm{d}F(x)=f(x)\mathrm{d}x),$$

则称 $F(x)$ 是 $f(x)$ 在区间 I 上的一个原函数.

例如,$(\sin x)'=\cos x$,则 $\sin x$ 就是 $\cos x$ 的一个原函数;$(x^2+1)'=2x$,则 x^2+1 就是 $2x$ 的一个原函数;$(\log_a x)'=\frac{1}{x\ln a}$,设 C 为常数,则 $(\log_a x+C)'=\frac{1}{x\ln a}$,所以 $\log_a x$ 与 $\log_a x+C$ 都是 $\frac{1}{x\ln a}$ 的原函数.

由定义可知,原函数和导函数是一对互逆的概念,其运算互为逆运算.因此,要判断 $F(x)$ 是否是 $f(x)$ 的一个原函数,只要验证 $F'(x)$ 是否为 $f(x)$.从定义还可看出,若 $F(x)$ 是 $f(x)$ 的一个原函数,则 $F(x)+C$(C 为常数)都是 $f(x)$ 的原函数;反之,若 $F(x)$ 与 $G(x)$ 都是 $f(x)$ 的原函数,即 $F'(x)=G'(x)=f(x)$,则容易推得 $G(x)=F(x)+C$.

一些常用初等函数及其原函数如下表:

	初等函数	原函数
(1)	0	C
(2)	$x^{a}\quad(a\neq-1)$	$\frac{1}{a+1}x^{a+1}+C$
(3)	$\frac{1}{x}$	$\ln\lvert x\rvert+C$
(4)	e^{x}	$e^{x}+C$
	a^{x}	$\frac{a^{x}}{\ln a}+C$
(5)	$\sin x$	$-\cos x+C$
	$\cos x$	$\sin x+C$
(6)	$\frac{1}{\cos^{2}x}$	$\tan x+C$
	$\frac{1}{\sin^{2}x}$	$-\cot x+C$
(7)	$\frac{1}{\sqrt{1-x^{2}}}$	$\arcsin x+C$
(8)	$\frac{1}{1+x^{2}}$	$\arctan x+C$

1. 已知函数 $F(x)$ 是 $f(x)$ 的一个原函数，则 $dF(x)=$________；$f(x)$ 的所有原函数都可表示为________.
2. 函数 $y=3x$ 的原函数为________.

2. 变上限积分

设 x 为区间 $[a,\ b]$ 上的任意一点，则 $y=f(x)$ 在 $[a,\ x]$ 上的定积分可记为 $\int_{a}^{x}f(t)dt$. 由定积分的定义可知，对于任意的 $x\in[a,\ b]$ 都有唯一的一个积分与之相对应，这样就构成了一个以 x 为自变量的函数关系，不妨记为 $\Phi(x)$，即 $\Phi(x)=\int_{a}^{x}f(t)dt, a\leqslant x\leqslant b$, 称为**变上限积分**. 这是一个上限可以变动的定积分，当 $f(x)\geqslant0$ 时，其几何意义表示右侧直边可以移动的曲边梯形的面积(图17－4－1).

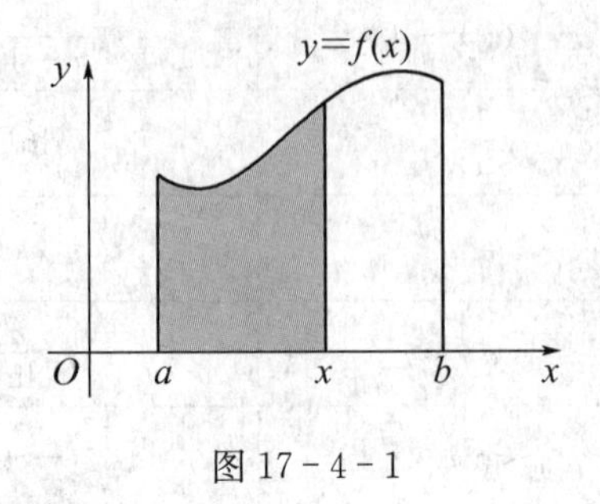

图 17－4－1

既然变上限积分是一个函数,我们就可以尝试着求其导数. 根据导数的定义,

$$\Phi'(x)=\lim_{\Delta x\to 0}\frac{\Phi(x+\Delta x)-\Phi(x)}{\Delta x}$$

$$=\lim_{\Delta x\to 0}\frac{\int_a^{x+\Delta x}f(t)\mathrm{d}t-\int_a^{x}f(t)\mathrm{d}t}{\Delta x}$$

$$=\lim_{\Delta x\to 0}\frac{\int_x^{x+\Delta x}f(t)\mathrm{d}t}{\Delta x}.$$

由积分中值定理,存在一点 ξ 介于 x 与 $x+\Delta x$ 间,使得 $\int_x^{x+\Delta x}f(t)\mathrm{d}t=f(\xi)\Delta x$,

故 $\Phi'(x)=\lim\limits_{\Delta x\to 0}\dfrac{f(\xi)\Delta x}{\Delta x}=\lim\limits_{\Delta x\to 0}f(\xi)$.

因为 ξ 介于 x 与 $x+\Delta x$ 间,所以当 $\Delta x\to 0$ 时,$\xi\to x$,只要 $f(t)$ 在点 x 处连续,则

$$\lim_{\xi\to x}f(\xi)=f(x).$$

结合原函数的定义,我们得到如下的定理:

定理 **若函数 $y=f(x)$ 在 $[a,b]$ 上连续,则变上限积分**

$$\Phi(x)=\int_a^x f(t)\mathrm{d}t$$

是 $f(x)$ 的一个原函数,即

$$\Phi'(x)=\frac{\mathrm{d}}{\mathrm{d}x}\int_a^x f(t)\mathrm{d}t=f(x).$$

例 1　求 $\frac{\mathrm{d}}{\mathrm{d}x}\int_a^x a^t\sin t\mathrm{d}t$.

解　$\frac{\mathrm{d}}{\mathrm{d}x}\int_a^x a^t\sin t\mathrm{d}t=a^x\sin x$.

例 2　求 $\frac{\mathrm{d}}{\mathrm{d}x}\int_a^{x^2} a^{-t}\cos t\mathrm{d}t$.

解　根据变上限积分定义,$\Phi(x)=\int_a^x f(t)\mathrm{d}t$, 故

$\int_a^{x^2} a^{-t}\cos t\mathrm{d}t=\Phi(x^2)$, 令 $u=x^2$, 即

$$\Phi(u)=\int_a^u a^{-t}\cos t\mathrm{d}t,$$

所以,
$$\begin{aligned}\frac{\mathrm{d}}{\mathrm{d}x}\int_a^{x^2} a^{-t}\cos t\mathrm{d}t&=\frac{\mathrm{d}}{\mathrm{d}u}\int_a^u a^{-t}\cos t\mathrm{d}t\cdot\frac{\mathrm{d}u}{\mathrm{d}x}\\&=a^{-u}\cos u\cdot(x^2)'\\&=2xa^{-x^2}\cos x^2.\end{aligned}$$

1. 若 $F(x)=\int_a^x t^2\mathrm{d}t$, 则 $F'(x)=$________;

2. 若 $G(x)=\int_a^{x^2} 2^t\mathrm{d}t$, 则 $G'(x)=$________;

3. 若 $F(x)=\int_a^{\ln x} f(t)\mathrm{d}t$, 则 $F'(x)=$________;

4. 若 $G(x)=\int_a^{\varphi(x)} f(t)\mathrm{d}t$, 则 $G'(x)=$________.

3. 牛顿-莱布尼兹公式

定理　**设 $f(x)$ 在 $[a, b]$ 上连续,$F(x)$ 是 $f(x)$ 的一个原函数,则**

$$\int_a^b f(x)\mathrm{d}x=F(b)-F(a).$$

证明　设 $\Phi(x)=\int_a^x f(t)\mathrm{d}t$，根据原函数定理可得，$\Phi(x)$也是 $f(x)$的一个原函数，

所以，$\Phi(x)=F(x)+C$.

不妨取 $x=a$，可得

$$\Phi(a)=F(a)+C,$$

即

$$\int_a^a f(t)\mathrm{d}t=0=F(a)+C,$$

所以

$$C=-F(a),$$

从而，由 $\Phi(b)=F(b)+C$，易得

$$\Phi(b)=\int_a^b f(x)\mathrm{d}x=F(b)-F(a).$$

公式的右端也可记为 $F(x)\Big|_a^b$.

这个公式被称为牛顿-莱布尼兹公式，它把定积分的计算转化为求原函数在上、下限的函数值之差，从根本上解决了定积分的计算问题，因而，它被称为**微积分学基本定理**. 它是人类科学史上一个伟大的里程碑.

例 3　计算定积分 $\int_0^1 x^2\mathrm{d}x$.

解　$\int_0^1 x^2\mathrm{d}x=\frac{x^3}{3}\Big|_0^1=\frac{1}{3}$.

例 4　计算定积分 $\int_1^{\sqrt{3}}\frac{\mathrm{d}x}{1+x^2}$.

解　$\int_1^{\sqrt{3}}\frac{\mathrm{d}x}{1+x^2}=\arctan x\Big|_1^{\sqrt{3}}=\arctan\sqrt{3}-\arctan 1$

$$=\frac{\pi}{3}-\frac{\pi}{4}=\frac{\pi}{12}.$$

例 5　计算定积分 $\int_{-3}^{-2}\frac{\mathrm{d}x}{x}$.

解　$\int_{-3}^{-2}\frac{\mathrm{d}x}{x}=\ln|x|\Big|_{-3}^{-2}=\ln|-2|-\ln|-3|$

$$= \ln 2 - \ln 3 = \ln \frac{2}{3}.$$

例 6　计算在$[0, \pi]$上的正弦曲线 $y = \sin x$ 与 x 轴所围成的平面图形的面积(图 17-4-2).

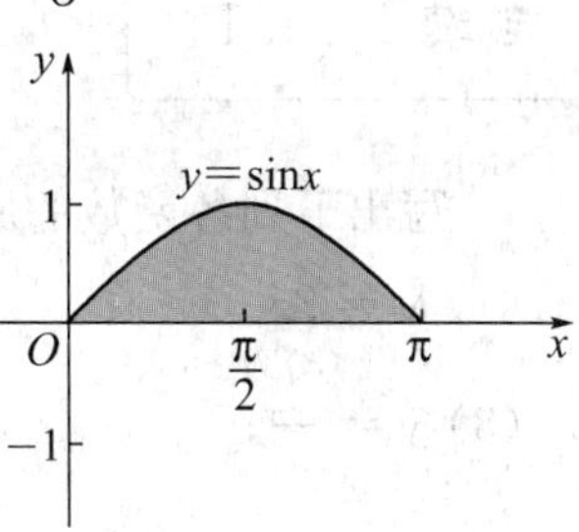

图 17-4-2

解　$A = \int_0^{\pi} \sin x \mathrm{d}x$

$$= (-\cos x)\Big|_0^{\pi} = -\cos\pi - (-\cos 0)$$

$$= 1 + 1 = 2.$$

例 7　计算定积分 $\int_0^{\frac{\pi}{2}} \cos x \sin^2 x \mathrm{d}x$.

解　令 $u = \sin x$，则由微分的不变性得

$$\cos x \sin^2 x \mathrm{d}x = \sin^2 x \mathrm{d}\sin x = u^2 \mathrm{d}u = \mathrm{d}\left(\frac{u^3}{3}\right),$$

可见，$\frac{\sin^3 x}{3}$为 $\cos x \sin^2 x$ 的一个原函数，

所以，$\int_0^{\frac{\pi}{2}} \cos x \sin^2 x \mathrm{d}x = \frac{\sin^3 x}{3}\Big|_0^{\frac{\pi}{2}} = \frac{1}{3}$.

例 8　计算定积分 $\int_{-1}^{1} \frac{\mathrm{e}^x}{1+\mathrm{e}^x} \mathrm{d}x$.

解　$\int_{-1}^{1} \frac{\mathrm{e}^x}{1+\mathrm{e}^x} \mathrm{d}x = \int_{-1}^{1} \frac{1}{1+\mathrm{e}^x} \mathrm{d}(1+\mathrm{e}^x)$

$$= \ln(1+\mathrm{e}^x)\Big|_{-1}^{1} = 1.$$

计算下列定积分：

(1) $\int_{-1}^{2} \sqrt[3]{x} \mathrm{d}x$；　(2) $\int_0^{\pi} (\sin x - \cos x) \mathrm{d}x$；

(3) $\int_{-\frac{\sqrt{3}}{3}}^{\sqrt{3}} \frac{1}{1+x^2} \mathrm{d}x$；　(4) $\int_0^{\pi} \sin x \cos^2 x \mathrm{d}x$；

(5) $\int_1^2 \frac{\ln x}{x} \mathrm{d}x$.

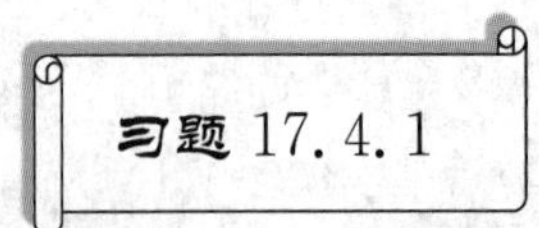

习题 17.4.1

1. 写出下列各函数的原函数：

(1) $y=2x$；　　(2) $y=\sin x-x$；

(3) $y=\dfrac{1}{x}$；　　(4) $y=\dfrac{1}{x^2}$；

(5) $y=4^x$；　　(6) $y=\sqrt{x}$；

(7) $y=\dfrac{1}{\cos^2 x}-\sqrt{x}$；　　(8) $y=\dfrac{1}{1+x^2}-x^2+\sin x$.

2. 求下列变限积分函数的导数：

(1) $\int_0^x \sin t^3\,\mathrm{d}t$；　　(2) $\int_0^{x^3}\sqrt{1+t^3}\,\mathrm{d}t$；

(3) $\int_x^2 t^2\,\mathrm{d}t$；　　(4) $\int_{x^2}^1 \sqrt{t}\ln(1+t^2)\,\mathrm{d}t$；

(5) $\int_x^{x^2}\dfrac{1}{1+t^2}\,\mathrm{d}t$；　　(6) $\int_{\psi(x)}^{\varphi(x)}\cos\sqrt{t}\,\mathrm{d}t$.

3. 计算下列定积分：

(1) $\int_{-1}^2 x^2\,\mathrm{d}x$；　　(2) $\int_0^{\frac{\pi}{2}}(\sin x+2\cos x)\,\mathrm{d}x$；

(3) $\int_0^1(\sqrt{x}-\sqrt[3]{x})\,\mathrm{d}x$；　　(4) $\int_0^1\dfrac{2}{1+x^2}\,\mathrm{d}x$；

(5) $\int_{-\frac{\pi}{6}}^{\frac{2\pi}{3}}\sin\left(x-\dfrac{\pi}{6}\right)\mathrm{d}x$；　　(6) $\int_0^1\dfrac{x^4}{1+x^2}\,\mathrm{d}x$；

(7) $\int_1^4(2+\sqrt{x})^2\,\mathrm{d}x$；　　(8) $\int_0^{\pi}\sin\dfrac{x}{2}\,\mathrm{d}x$.

17.4.2 定积分的应用举例

1. 运用定积分求直角坐标系中平面图形的面积

由定积分的定义及几何意义可知，由连续曲线 $y=f(x)$ 与直线 $x=a$，$x=b$ 及 x 轴所围成的平面图形(如图 17-4-3)面积为

$$S=\int_a^b |f(x)|\,\mathrm{d}x.$$

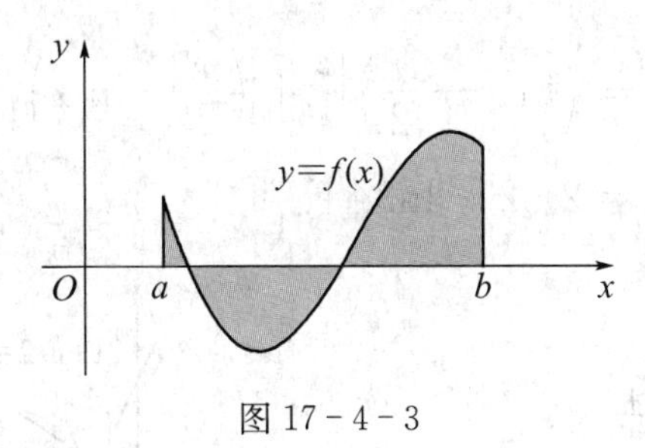

图 17-4-3

而由连续曲线 $y=f(x)$，$y=g(x)$ 与直线 $x=a$，$x=b$ 所围成的平面图形(如图 17-4-4)的面积为

$$S=\int_a^b |f(x)-g(x)|\,\mathrm{d}x.$$

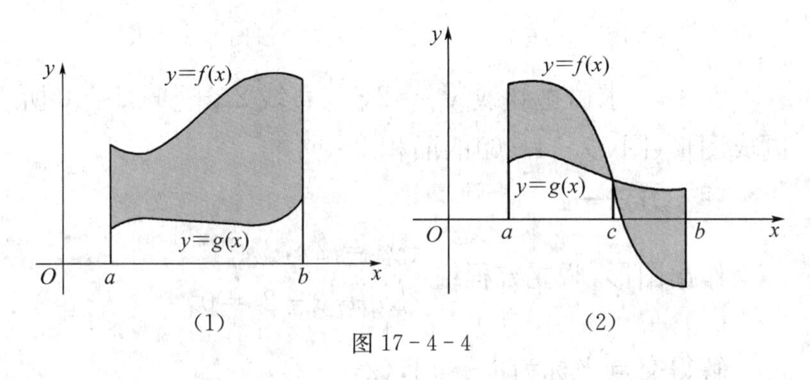

图 17-4-4

如，图 17-4-4(2)中阴影部分的面积可表示为

$$\begin{aligned}S&=\int_a^b |f(x)-g(x)|\,\mathrm{d}x\\&=\int_a^c[f(x)-g(x)]\mathrm{d}x+\int_c^b[g(x)-f(x)]\mathrm{d}x.\end{aligned}$$

例 9　求由曲线 $y=\dfrac{1}{x}$，直线 $x=1$，$x=3$，$y=\dfrac{1}{2}$ 所围成图形(图 17-4-5)的面积.

解　联立方程组 $\begin{cases}y=\dfrac{1}{x},\\ y=\dfrac{1}{2},\end{cases}$ 解得 $x=2$，

故所求平面图形的面积为

$$S=\int_1^2\left(\frac{1}{x}-\frac{1}{2}\right)\mathrm{d}x+\int_2^3\left(\frac{1}{2}-\frac{1}{x}\right)\mathrm{d}x$$

$$=\left(\ln x-\frac{x}{2}\right)\Big|_1^2+\left(\frac{x}{2}-\ln x\right)\Big|_2^3$$

$$=2\ln2-\ln3.$$

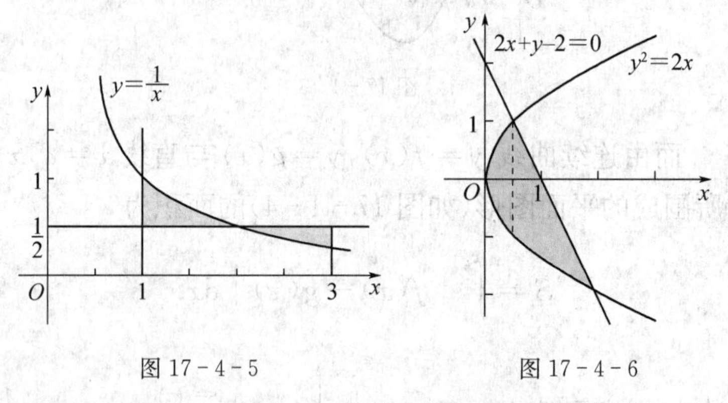

图 17-4-5　　图 17-4-6

例 10　求由抛物线 $y^2=2x$ 与直线 $2x+y-2=0$ 所围成图形(图 17-4-6)的面积.

解　**方法一：**

作出图形,联立方程组 $\begin{cases}y^2=2x,\\2x+y-2=0,\end{cases}$

解得交点坐标为 $\left(\frac{1}{2},1\right)$,$(2,-2)$,

故所求图形的面积为

$$S=\int_0^{\frac{1}{2}}(\sqrt{2x}+\sqrt{2x})\mathrm{d}x+\int_{\frac{1}{2}}^2(-2x+2+\sqrt{2x})\mathrm{d}x$$

$$=2\sqrt{2}\cdot\frac{2}{3}x^{\frac{3}{2}}\Big|_0^{\frac{1}{2}}+(-x^2+2x+\sqrt{2}\cdot\frac{2}{3}x^{\frac{3}{2}})\Big|_{\frac{1}{2}}^2$$

$$=\frac{9}{4}.$$

方法二：

换一种积分方式,以 y 为积分变量,有时会给积分带来方便.此题也可看成求由曲线 $x=\frac{y^2}{2}$ 与直线 $x=-\frac{1}{2}y+1$ 所围图形的面积.

联立方程组 $\begin{cases}y^2=2x,\\2x+y-2=0,\end{cases}$

解得交点坐标为$\left(\frac{1}{2},1\right)$,$(2,-2)$,

故所求图形的面积为

$$S=\int_{-2}^{1}\left(-\frac{1}{2}y+1-\frac{y^2}{2}\right)\mathrm{d}y$$

$$=\left(-\frac{1}{4}y^2+y-\frac{1}{6}y^3\right)\Big|_{-2}^{1}=\frac{9}{4}.$$

1. 计算由余弦曲线 $y=\cos x\left(0\leqslant x\leqslant\frac{\pi}{2}\right)$ 与 x 轴、y 轴所围成的平面图形的面积.

2. 求曲线 $y=\sqrt{x}$ 与直线 $y=x$ 所围平面图形的面积.

3. 求由直线 $y=2x$, $y=2$ 及曲线 $y=x^2$ 所围平面图形的面积.

2. 运用定积分求旋转体的体积

设连续曲线 $y=f(x)$, $x\in[a,b]$, 如图 17-4-7 所示,将由曲线 $y=f(x)$、直线 $x=a$、$x=b$ 与 x 轴围成的曲边梯形绕 x 轴旋转一周,则所得旋转体的体积是怎样的呢?

根据定积分的思想,我们可以将区间$[a,b]$作 n 等分,各分点分别记为 $a=x_0, x_1, x_2, x_3, \cdots, x_n=b$, $\Delta x_i=x_i-x_{i-1}$, 任取 $\xi_i\in(x_{i-1}, x_i)$. 当 n 很大时,旋转体的体积就可看成是由 n 个薄薄的圆柱体叠在一起所形成的,将其作和式 $\sum_{i=1}^{n}\pi f^2(\xi_i)\Delta x_i$.

旋转体的体积就是截面面积函数在区间$[a,b]$上的定积分.

从而,旋转体的体积

$$V=\int_a^b S(x)\mathrm{d}x=\pi\int_a^b f^2(x)\mathrm{d}x.$$

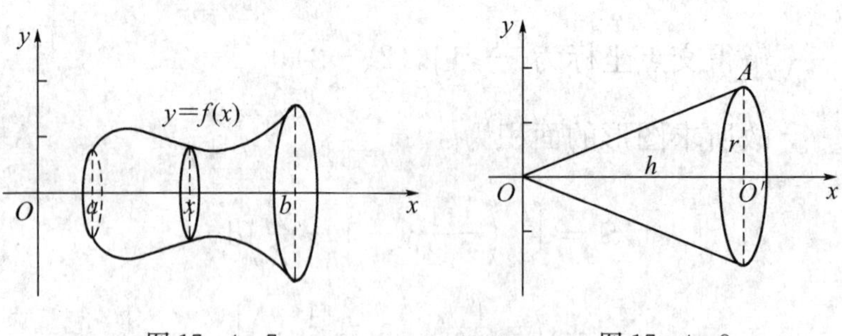

图 17－4－7　　　　图 17－4－8

例 11　用定积分证明圆锥的体积公式.

证明　建立如图 17－4－8 所示的坐标系,圆锥可看成由$\triangle OAO'$绕 x 轴旋转一周所形成的几何体,显然其积分变量 $x\in[0,\ h]$,直线 OA 的方程为

$$y=\frac{r}{h}x,$$

所以截面面积函数为

$$S(x)=\pi\left(\frac{rx}{h}\right)^2,$$

所以,

$$V=\int_a^b S(x)\mathrm{d}x=\pi\cdot\frac{r^2}{h^2}\int_0^h x^2\mathrm{d}x=\frac{\pi r^2}{h^2}\cdot\frac{1}{3}x^3\Big|_0^h$$

$$=\frac{1}{3}\pi r^2h.$$

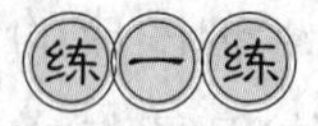

1. 求由曲线 $y=x^2$ 与 $x=2$,$y=0$ 所围成图形分别绕 x 轴和 y 轴旋转一周所生成的旋转体的体积.

2. 求椭圆 $\frac{x^2}{a^2}+\frac{y^2}{b^2}=1$ 绕 x 轴旋转所得旋转椭球体的体积.

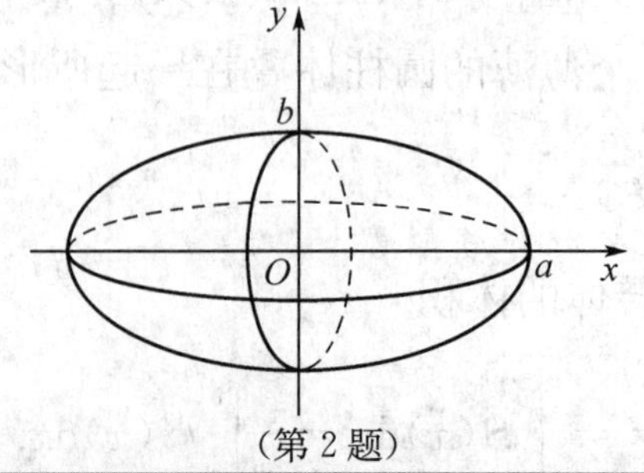

(第 2 题)

3. 运用定积分求变速直线运动的路程

问题　设一质点作变速直线运动,其速度 $v=v(t)$ 是时间 t 的连续函数,求从时刻 a 到时刻 b 质点所经过的路程.

我们可以将时刻 a 到时刻 b 这个时间段 n 等分,各分点可分别记为 $a=t_0,t_1,t_2,t_3,\cdots,t_n=b$, $\Delta t_i=t_i-t_{i-1}$. 只要份数 n 充分大,则在每一个 Δt_i 时间段上可近似地认为质点在作匀速直线运动,任取 $\xi_i\in(t_{i-1},t_i)$,则从时刻 a 到时刻 b 质点所经过的路程为 $s=\lim\limits_{\Delta t\to 0}\sum\limits_{i=1}^{n}v(\xi_i)\Delta t_i$,即

$$s=\int_a^b v(t)\,\mathrm{d}t.$$

例 12　设一质点作自由落体运动,速度为 $v(t)=gt$,试计算:

(1) 从时刻 0 到时刻 t_0 内该质点的位移;

(2) 从 2 s 到 5 s 内该质点的位移?

解　(1) $s=\int_0^{t_0}gt\,\mathrm{d}t$

$$=\frac{1}{2}gt^2\Big|_0^{t_0}=\frac{1}{2}gt_0^2.$$

(2) $s=\int_2^5 gt\,\mathrm{d}t$

$$=\frac{1}{2}gt^2\Big|_2^5=\frac{1}{2}g(5^2-2^2)$$

$$=\frac{21}{2}g.$$

4. 运用定积分求变力所做的功

问题　设一变力 $F=F(x)$,方向为 x 轴正向,沿 x 轴推动物体从 a 点到 b 点,求变力 $F(x)$所做的功.

将 a 到 b 间的线段 n 等分,记为 $a=x_0,x_1,x_2,x_3,\cdots,x_n=b$, $\Delta x_i=x_i-x_{i-1}$. 只要 n 充分大,则在每一个 Δx_i 上

可近似地认为一个不变力 F 对物体做功，任取 $\xi_i \in (x_{i-1}, x_i)$，则从 a 到 b 变力 F 对物体做功为 $W = \lim\limits_{\Delta x \to 0} \sum\limits_{i=1}^{n} F(\xi_i)\Delta x_i$，即

$$W = \int_a^b F(x)\mathrm{d}x.$$

例 13 一圆柱形的贮水桶高 4 m，底面半径为 2 m，桶内装满水. 问把桶内的水全部抽出，需做多少功？

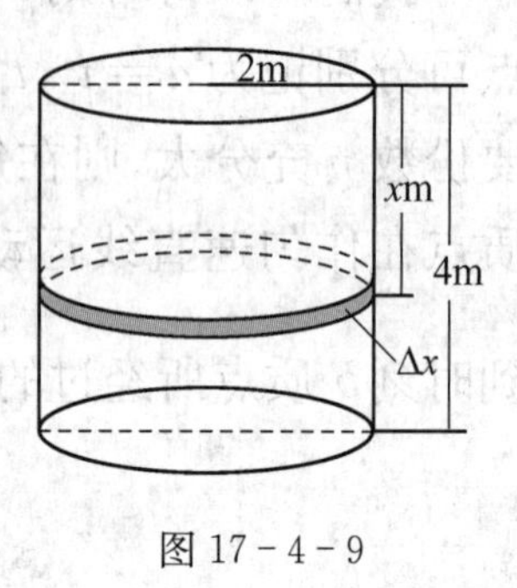

图 17－4－9

解 如图 17－4－9，设距桶口 x m 深处的一薄层（高为Δx m）水产生的重力为 G，

$$G = 1 \times (\pi \times 2^2 \times \Delta x) \times 9.8 = 39.2\pi\Delta x(\mathrm{kN}),$$

则将其抽出需做功 $\mathrm{d}W = Gx = 39.2\pi x \mathrm{d}x$，所以，所求的功为

$$W = \int_0^4 39.2\pi x \mathrm{d}x = 39.2\pi \cdot \left(\frac{x^2}{2}\right)\Big|_0^4$$
$$= 39.2\pi \times 8 \approx 984.7(\mathrm{kJ}).$$

以上我们只是列举了几个定积分应用的例子，事实上，定积分的应用非常广泛，例如求曲线的弧长与曲率、在物理上求引力、求交流电的平均功率等，有兴趣的读者可另行对其进行深入的研究.

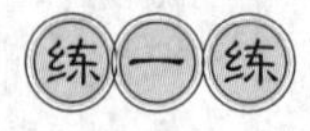

1. 设一作匀变速直线运动的质点，其速度随时间的变化关系为 $v = 4t$，试用定积分推导出该质点的位移公式.

2. 设一锥形贮水池，深 15 m，口半径 20 m，现盛满水，若欲将水全部抽尽，问需对其做功多少？

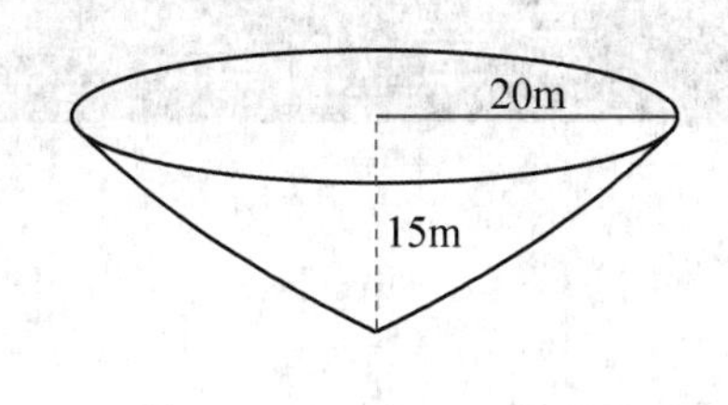

1. 求由曲线 $y=x^2$ 与 $y=\sqrt{x}$ 所围图形的面积.

2. 求由抛物线 $y=4-x^2$ 与直线 $y=0$ 所围图形的面积.

3. 设直线 $x=x_0$ 平分由曲线 $y=\mathrm{e}^x$ 与直线 $x=3$，$x=0$，$y=0$ 所围图形的面积，试求 x_0.

4. 求双曲线 $xy=1$ 与直线 $y=2x$，$y=3$ 所围图形的面积.

5. 求抛物线 $y^2=2x$ 与其在点 $\left(\frac{1}{2},1\right)$ 处的法线所围成图形的面积.

6. 求由直线 $y=\frac{1}{2}x+1$，$y=0$，$x=0$，$x=4$ 所围平面图形绕 x 轴旋转一周所成旋转体的体积.

7. 求曲线 $y=\sin x$，$x\in[0,\pi]$ 绕 x 轴旋转一周所成旋转体的体积.

8. 由曲线 $y=x^2(x\geqslant 0)$ 与直线 $x=0$，$y=4$ 所围图形绕 x 轴、y 轴旋转一周所成旋转体的体积各为多少？

9. 一个半球形(直径为 2 m)的水缸内盛满水，欲将水抽尽需做功多少？

本章小结

一、知识结构

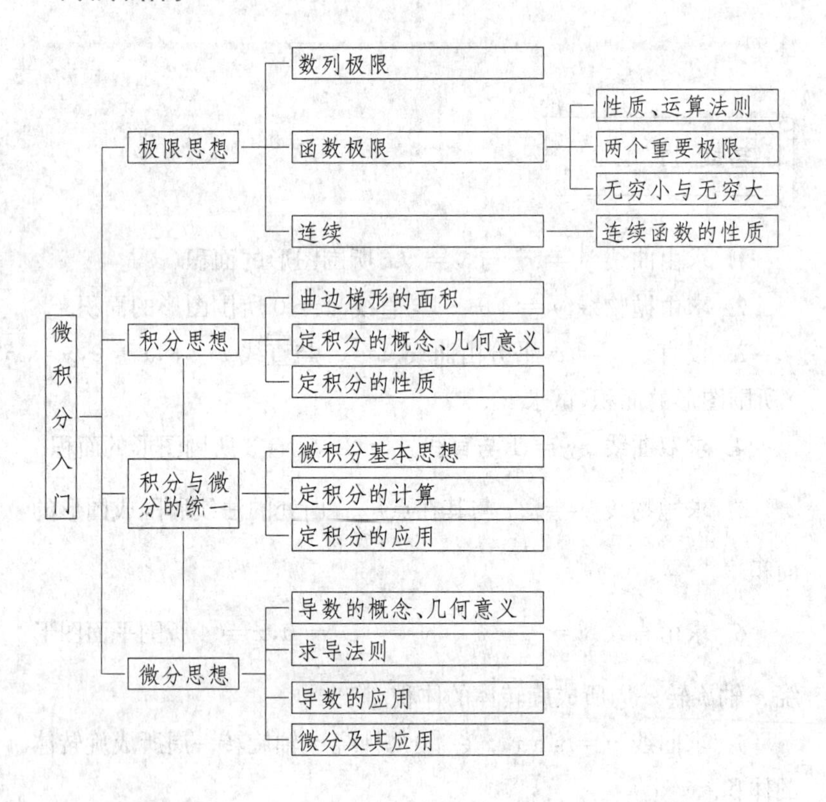

二、回顾与思考

本章的概念有：函数，极限，连续，导数，微分和定积分. 微积分主要研究函数的连续性、可导性、单调性、极值等性态，因此，函数是微积分的研究对象，而极限是最基本的概念，连续、导数、微分、定积分等概念都建立在极限的基础上，因此，极限思想是微积分最核心的思想. 学习中，要注意结合实际问题，体会问题解决中的极限思想，从而将实际问题转化为求导、求积分等问题.

微积分最重要的定理是微积分基本定理，它将繁杂的定积分运算和微分联系起来，大大简便了运算，也使得微分与积分两大分支连成一个整体.

当然，微积分也离不开运算．因此，应掌握极限运算的一些基本类型和方法，如不定式的洛必达法则；熟记各种导数和原函数公式．

此外，微积分源于几何问题与物理问题．学习时要注意了解这些概念的几何意义与物理意义（如导数可表示切线斜率和瞬时速度），并善于运用这些概念解决数学、物理和生活中的问题．

复习参考题

A 组

1. 下列数列有极限吗？如果有，请写出它们的极限值.

(1) $\frac{2}{3},\frac{4}{9},\frac{8}{27},\cdots,\left(\frac{2}{3}\right)^n,\cdots$；

(2) $1,2,4,\cdots,2n,\cdots$；

(3) $1,\frac{1}{2},1,\frac{2}{3},1,\frac{3}{4},1,\frac{4}{5},\cdots$；

(4) $\frac{9}{5},\frac{51}{25},\frac{249}{125},\frac{1\,251}{625},\cdots,2+\left(-\frac{1}{5}\right)^n,\cdots$.

2. 求下列极限：

(1) $\lim\limits_{n\to+\infty}\frac{3n^2+2n-1}{n^2-1}$；

(2) $\lim\limits_{n\to+\infty}\left(1+\frac{1}{n}\right)^2$；

(3) $\lim\limits_{n\to+\infty}(\sqrt{n+1}-\sqrt{n})$；

(4) $\lim\limits_{n\to+\infty}\left(\frac{2}{n^2}+\frac{4}{n^2}+\frac{6}{n^2}+\cdots+\frac{2n}{n^2}\right)$.

3. 讨论函数 $f(x)=\begin{cases}x^2+2x, & x\leqslant 1,\\ x, & 1<x<2,\\ 3x-4, & x\geqslant 2,\end{cases}$

(1) 当 $x\to 1$ 时的极限；

(2) 当 $x\to 2$ 时的极限.

4. 计算下列极限：

(1) $\lim\limits_{x\to 2}\frac{2+x^2}{1+x}$；

(2) $\lim\limits_{x\to\sqrt{2}}\frac{x^2-2}{x^2+1}$；

(3) $\lim\limits_{x\to 0}\frac{4x^3+3x^2-x}{3x^2+2x}$；

(4) $\lim\limits_{x\to -1}\frac{1-x^2}{1+x}$；

(5) $\lim\limits_{x\to -1}\left(\frac{1}{x+1}-\frac{3}{x^3+1}\right)$；

(6) $\lim\limits_{x\to 0}\frac{\sqrt{x+1}-1}{x}$；

(7) $\lim\limits_{x\to\infty}\frac{2+x^2}{1+x}$；

(8) $\lim\limits_{x\to\infty}\frac{4x^2+3x}{1+2x^4}$.

5. 计算下列极限：

(1) $\lim\limits_{x\to\infty}\left(1+\dfrac{2}{x}\right)^{3x}$；　　(2) $\lim\limits_{x\to 0}(1-x^2)^{\frac{1}{x^2}}$；

(3) $\lim\limits_{x\to 0}\dfrac{\tan 3x}{2x}$；　　(4) $\lim\limits_{x\to 0}\dfrac{1-\cos 2x}{x\sin x}$；

(5) $\lim\limits_{x\to 0}x\cot x$；　　(6) $\lim\limits_{x\to\infty}\left(\dfrac{x+1}{x-1}\right)^{x}$.

6. 判定下列函数是否为无穷小或无穷大？

(1) $x\cos x\quad(x\to 0)$；　　(2) $x\cos x\quad\left(x\to\dfrac{\pi}{2}\right)$；

(3) $e^{\frac{1}{x}}\quad(x\to-\infty)$；　　(4) $e^{-x}\quad(x\to-\infty)$；

(5) $\dfrac{1-2x}{x^2}\quad(x\to 0)$；　　(6) $\ln x\quad(x\to 0^{+})$.

7. 利用函数的连续性求下列极限.

(1) $\lim\limits_{x\to 10}(\lg^2 x+3\lg x+4)$；

(2) $\lim\limits_{x\to 0}\dfrac{1-e^x}{1+e^x}$；

(3) $\lim\limits_{x\to 1}\dfrac{\sqrt[3]{x}-1}{\sqrt{x}-1}$.

8. 设 $f(x)=\begin{cases}2x^2-3, x\leqslant 2,\\ 3x^2+a, x>2,\end{cases}$ 求 a，使得 $\lim\limits_{x\to 2}f(x)$ 存在.

9. 写出下列函数在 $x=-2$ 处的左极限、右极限，其中哪些函数在 $x=-2$ 处极限不存在？

(1) $f(x)=\dfrac{x^3+2x^2}{x+2}$；

(2) $g(x)=4x^3+3$；

(3) $h(x)=\begin{cases}2x+3, & x\geqslant -2,\\ x+1, & x<-2;\end{cases}$

(4) $v(x)=\begin{cases}x^2-3, & x\geqslant -2,\\ x^3, & x<-2.\end{cases}$

10. 设 $f(x)=\begin{cases}\cos x, & x<0,\\ a+x, & x\geqslant 0,\end{cases}$ 试确定 a 的值，使 $f(x)$ 成为区间 $(-\infty,+\infty)$ 中的连续函数.

11. 根据定积分的定义求由 $y=3x, x=0, x=1, y=0$ 围成的图形的面积.

12. 用定积分表示下列阴影部分的面积（不要求计算）：

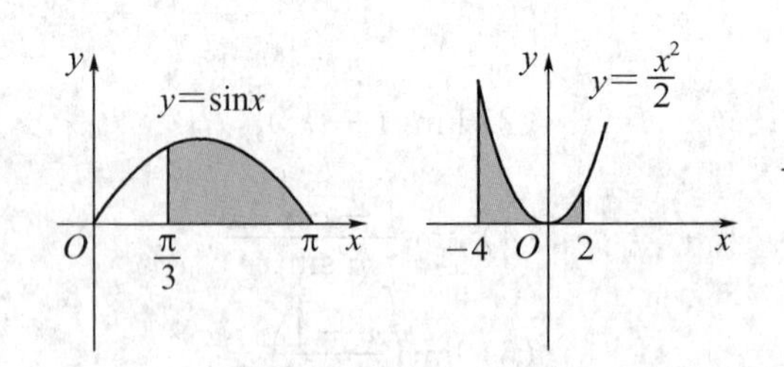

$S_1=$________;　$S_2=$________;　$S_3=$________.

13. 根据定积分的几何意义,计算下列定积分的值:

(1) $\int_{-\frac{\pi}{2}}^{\frac{3\pi}{2}}\cos x\mathrm{d}x$;　(2) $\int_{-2}^{2}(-x+1)\mathrm{d}x$;

(3) $\int_{-\frac{1}{2}}^{\frac{3}{2}}(-x)\mathrm{d}x$;　(4) $\int_{-2}^{3}x\mathrm{d}x$.

14. 已知 $\int_a^b f(x)\mathrm{d}x=p$,$\int_a^b[f(x)]^2\mathrm{d}x=q$,求下列定积分的值.

(1) $\int_a^b[3f(x)+4]\mathrm{d}x$;　(2) $\int_a^b[3f(x)+4]^2\mathrm{d}x$;

(3) $\int_a^b\{[3f(x)]^2+4\}\mathrm{d}x$.

15. 根据导数的定义,求下列函数在指定点处的导数:

(1) $y=\frac{1}{x^2}$,在点 $x_0=-1$ 处;(2) $y=\cos x$,在点 x 处.

16. 求下列函数的导数:

(1) $y=x^2\lg x$;　(2) $y=\frac{x}{\sqrt{1+x^2}}$;

(3) $y=\tan\sqrt{x^2+1}$.

17. 求下列函数的三阶导数:

(1) $y=x^5+2x^2-3x$;　(2) $y=x\sin x$;

(3) $y=f(\ln x)$.

18. 求下列极限:

(1) $\lim\limits_{x\to\frac{\pi}{6}}\frac{1-2\sin x}{\cos 3x}$;　(2) $\lim\limits_{x\to 0}\left(\frac{1}{x^2}-\frac{1}{\sin^2 x}\right)$;

(3) $\lim\limits_{x\to\frac{\pi}{2}^+}\frac{\ln\left(x-\frac{\pi}{2}\right)}{\tan x}$;　(4) $\lim\limits_{x\to+\infty}(1+x^2)^{\frac{1}{x}}$.

19. 求下列函数在给定区间上的极值点、极值与最值:

(1) $f(x)=x^5-5x^4+5x^3+3$,$[-1,2]$;

(2) $f(x)=x+\sqrt{1-x},[-5,1]$.

20. 求下列函数的微分：

(1) $y=x^2\cdot 2^x$；　　(2) $y=\dfrac{\sin x}{1+x^2}$.

21. 利用微分，求下列近似值：

(1) $\sqrt{26}$；　　(2) $\lg 11$；

(3) $\tan 45°12'$.

22. 求下列变限积分函数的导数：

(1) $\int_0^x \sqrt{1-t^2}\,\mathrm{d}t$；　　(2) $\int_x^{-2} t\sin t^2\,\mathrm{d}t$；

(3) $\int_x^{2x^2} \dfrac{1}{1+t^2}\,\mathrm{d}t$.

23. 计算下列定积分：

(1) $\int_1^2 \sqrt[3]{x^2}\,\mathrm{d}x$；　　(2) $\int_0^{\frac{\pi}{2}} (\sin x-\cos x)\,\mathrm{d}x$；

(3) $\int_0^1 \dfrac{1}{4+x^2}\,\mathrm{d}x$；　　(4) $\int_0^1 \dfrac{2}{1+2x}\,\mathrm{d}x$.

24. 求由抛物线 $y=4-x^2$ 与直线 $y=x$ 所围图形的面积.

25. 求由直线 $y=\sqrt{x}(x\geqslant 0)$ 与直线 $x=0,y=4$ 所围图形绕 y 轴旋转一周所成旋转体的体积.

B　组

1. 设 $a\geqslant 0$，求下列极限：

(1) $l_1=\lim\limits_{n\to+\infty} a^n$；　　(2) $l_2=\lim\limits_{n\to+\infty} \dfrac{a^n}{1+a^n}$.

2. 试说明下列几个极限的正确性.

(1) $\lim\limits_{x\to\infty} x\sin\dfrac{1}{x}=1$；　　(2) $\lim\limits_{x\to 0} x\sin\dfrac{1}{x}=0$；

(3) $\lim\limits_{x\to 0}\dfrac{\sin x}{x}=1$；　　(4) $\lim\limits_{x\to\infty}\dfrac{\sin x}{x}=0$.

3. 计算

(1) $\lim\limits_{x\to 0}\dfrac{\sqrt{4+x}-2}{\sqrt{9+x}-3}$；

(2) $\lim\limits_{x\to 0}\dfrac{\sin x^n}{\sin^m x}$　(m,n 为自然数)；

(3) $\lim\limits_{x\to 0}\left[\left(\dfrac{1}{x}+3\right)^2-x\left(\dfrac{1}{x}+2\right)^3\right]$.

4. 数列$\{a_n\}$满足$\lim\limits_{n\to\infty}[(2n-1)a_n]=2$. 求$\lim\limits_{n\to\infty}(na_n)$.

5. 设函数$f(x)=\begin{cases}2x+1, & x>0,\\ a, & x=0,\\ \dfrac{b}{x}(\sqrt{1+x}-1), & x<0,\end{cases}$在$x=0$处连续,求$a,b$的值.

6. 讨论下列函数在给定点或区间上的连续性.

(1) $f(x)=\begin{cases}x^2+1, & x\leqslant -1,\\ x+3, & x>-1,\end{cases}$点$x=-1$处;

(2) $f(x)=\begin{cases}\dfrac{\sin 2x}{kx}, & x\neq 0,\\ 2+x, & x=0,\end{cases}$在点$x=0$处;

(3) $f(x)=\begin{cases}\dfrac{e^{\frac{1}{x}}-1}{e^{\frac{1}{x}}+1}, & x\neq 0,\\ -1, & x=0.\end{cases}$在点$x=0$处;

(4) $f(x)=\dfrac{x-2}{x^2-3x+2}$,在区间$[0, 2]$上.

7. 证明方程$x=a\sin x+b(a>0, b>0)$至少有一个正根,并且它不超过$a+b$.

8. 设函数$y=f(x)$在$[a, b]$上连续,且$f(a)<a$,$f(b)>b$,则至少有一点$\xi\in(a, b)$,使$f(\xi)=\xi$.

9. 不计算,估计下列定积分的值.

(1) $\int_0^5(x^2-2x-3)\mathrm{d}x$;　　(2) $\int_0^{\frac{\pi}{2}}\dfrac{1}{2+\sqrt{\sin x}}\mathrm{d}x$.

10. 设函数$f(x)=\begin{cases}x^2+1, & -1<x\leqslant 0,\\ 1, & 0<x\leqslant 2,\end{cases}$则$f(x)$在点$x=0$处　　(　　)

A. 不连续　　B. 连续但不可导

C. 可导　　D. 无定义

11. 已知$y=f(x)$在点x_0处可导,且$\lim\limits_{h\to 0}\dfrac{h}{f(x_0-2h)-f(x_0)}=\dfrac{1}{4}$,求$f'(x_0)$的值.

12. 下列函数中,在$x=0$处不可导的是　　(　　)

A. $f(x)=\begin{cases}x^2, & x\leqslant 0\\ 0, & x>0\end{cases}$　　B. $f(x)=|\sin x|$

C. $f(x)=|\cos x|$　　　　D. $f(x)=\sin x$

13. 求下列函数的 n 阶导数：

(1) $y=a^x$；　　　　(2) $y=\dfrac{1}{x(1-x)}$.

14. 证明：方程 $x^3-3x+2=0$ 在区间 $[0,1]$ 内不可能有两个不同的实根.

15. 有一个无盖的圆柱形容器，当给定体积为 V 时，要使容器的表面积最小，问底的半径与容器的高应该满足什么比例关系？

第十八章

不 等 式

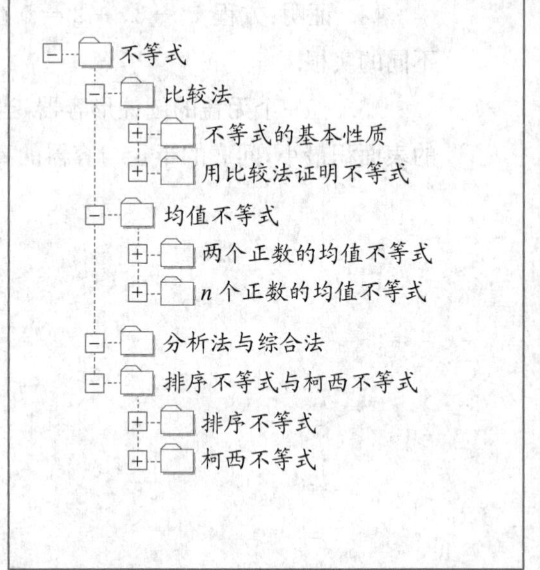

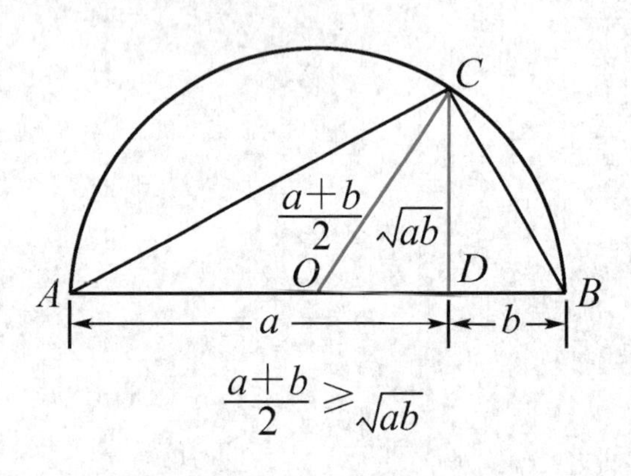

在现实世界和日常生活中，相等关系和不等关系都是大量存在的.处理相等关系可以用等式(方程)；处理不等关系，当然用不等式！

我们已经知道了不等式的一些基本性质，也学会了一些一元二次不等式、绝对值不等式的解法.如何证明不等式？这将是本章研究的主要问题.

18.1 比较法

18.1.1 不等式的基本性质

在初中，通过观察实例，我们得到了不等式的四条基本性质：

性质 1　若 $a>b$，则 $b<a$.

性质 2　若 $a>b$，$b>c$，则 $a>c$.

性质 3　若 $a>b$，$c\in\mathbf{R}$，则 $a+c>b+c$.

性质 4　若 $a>b$，$c>0$，则 $ac>bc$；若 $a>b$，$c<0$，则 $ac<bc$.

在数学中，通过观察得到的结论，一般需要证明才能确认. 如何证明上述性质呢？

众所周知，两个实数 a，b 之间有以下等价关系：

$$a>b\Leftrightarrow a-b>0;$$

$$a=b\Leftrightarrow a-b=0;$$

$$a<b\Leftrightarrow a-b<0.$$

若 $a>b>0$，则 a，b 之间的大小关系还有怎样的等价表示？

据此，要证明不等式，只要考察不等式两边之差与 0 的大小关系即可.

下面分别证明性质 2、性质 3、性质 4 的前半部分（其他的证明留给同学们自己完成）：

证明（性质 2）　$a-c=(a-b)+(b-c)$.

因为 $a>b$，$b>c$，

所以 $a-b>0$，$b-c>0$，

从而 $a-c=(a-b)+(b-c)>0$，

即 $a>c$.

证明（性质 3）　$(a+c)-(b+c)=a-b$.

因为 $a>b$，所以 $a-b>0$，

从而 $(a+c)-(b+c)=a-b>0$，

即 $a+c>b+c$.

证明(性质 4)　$ac-bc=(a-b)c$.

因为 $a>b$,所以 $a-b>0$,

又因为 $c>0$,所以 $(a-b)c>0$,

即 $ac>bc$.

上述四条是不等式最基本的性质,由此还可得出如下推论:

推论 1　**若** $a>b,c>d$,**则** $a+c>b+d$.

推论 2　**若** $a>b>0,c>d>0$,**则** $ac>bd$.

推论 3　**若** $a>b>0$,**则** $a^n>b^n$(n **为正整数**).

推论 4　**若** $a>b>0$,**则** $\sqrt[n]{a}>\sqrt[n]{b}$(n **为正整数**).

不等式的基本性质及其推论是证明不等式的出发点和依据,今后我们可以直接运用.

例 1　设 $a>b>0,c<d<0$,求证:$ac<bd$.

证明　因为 $a>b>0,c<0$,

根据性质 4,有 $ac<bc$,

又因为 $c<d<0,b>0$,

根据性质 4,有 $bc<bd$,

再根据性质 2,有 $ac<bd$ 成立.

1. 用“$>$”、“$<$”号填空:
   (1) 设 $a>b$,则 $-2a$ ________ $-2b$;
   (2) 设 $a>b,c<d$,则 $2a-c$ ________ $2b-d$.
2. 设 $ac^2>bc^2$,求证:$a>b$.
3. 设 $a>b>0$,求证:$\frac{1}{a}<\frac{1}{b}$.

18.1.2　用比较法证明不等式

在上一节中,我们是如何证明不等式的基本性质的?

不等式性质的证明过程分为三步:第一步,不等式两边作差;第二步,对差进行等值变形;第三步,比较差与 0

的大小关系.这种通过作差比较证明不等式的方法称为作差比较法.

作差比较法是证明不等式最基本的方法,下面利用作差比较法证明一些较复杂的不等式.

例2　求证:$(a-1)(a+3)<a^2+2a$.

证明　因为　$(a-1)(a+3)-(a^2+2a)$

$=(a^2+2a-3)-(a^2+2a)$

$=-3<0$,

所以　$(a-1)(a+3)<a^2+2a$.

例3　求证:$x^2+5>4x$.

证明　因为　$(x^2+5)-4x$

$=(x^2-4x+4)+1$

$=(x-2)^2+1>0$,

所以　$x^2+5>4x$.

例4　设 a,b 为正数,求证:$a^3+b^3\geqslant a^2b+ab^2$.

证明　$(a^3+b^3)-(a^2b+ab^2)$

$=a^2(a-b)+b^2(b-a)$

$=(a^2-b^2)(a-b)$

$=(a+b)(a-b)^2$

因为 a,b 为正数,所以 $a+b>0,(a-b)^2\geqslant 0$,

从而$(a+b)(a-b)^2\geqslant 0$,

所以 $a^3+b^3\geqslant a^2b+ab^2$.

例5　设 $a>b>0$,求证:$\frac{a^2-b^2}{a^2+b^2}>\frac{a-b}{a+b}$.

证明　$\frac{a^2-b^2}{a^2+b^2}-\frac{a-b}{a+b}$

$=\frac{(a^2-b^2)(a+b)-(a^2+b^2)(a-b)}{(a^2+b^2)(a+b)}$

$=\frac{2ab(a-b)}{(a^2+b^2)(a+b)}$.

因为 $a>b>0$,所以 $ab>0,a-b>0,a^2+b^2>0,a+b>0$,

从而$\frac{a^2-b^2}{a^2+b^2}-\frac{a-b}{a+b}=\frac{2ab(a-b)}{(a^2+b^2)(a+b)}>0$,

即$\dfrac{a^2-b^2}{a^2+b^2}>\dfrac{a-b}{a+b}$.

*例 6　设 $a>b>0$,求证:$a^ab^b>a^bb^a$.

证法 1　$a^ab^b-a^bb^a=a^bb^a(a^{a-b}b^{b-a}-1)$

$$=a^bb^a\left[\left(\frac{a}{b}\right)^{a-b}-1\right],$$

因为 $a>b>0$,所以 $a-b>0$,$\dfrac{a}{b}>1$,

从而$\left(\dfrac{a}{b}\right)^{a-b}>1$,即$\left(\dfrac{a}{b}\right)^{a-b}-1>0$,

又因为 $a^bb^a>0$,所以 $a^bb^a\left[\left(\dfrac{a}{b}\right)^{a-b}-1\right]>0$,

即 $a^ab^b>a^bb^a$.

在上述证法中,需要证明$\left(\dfrac{a}{b}\right)^{a-b}-1>0$,即$\left(\dfrac{a}{b}\right)^{a-b}>1$. 而$\left(\dfrac{a}{b}\right)^{a-b}$正好是不等式两边之商,所以本题也可用下述方法证明.

证法 2　$\dfrac{a^ab^b}{a^bb^a}=a^{a-b}b^{b-a}=\left(\dfrac{a}{b}\right)^{a-b}$.

因为 $a>b>0$,所以 $a-b>0$,$\dfrac{a}{b}>1$,

从而　$\dfrac{a^ab^b}{a^bb^a}=\left(\dfrac{a}{b}\right)^{a-b}>1$,

又 $a^bb^a>0$,

因此 $a^ab^b>a^bb^a$.

请概括出用作商比较法证明不等式的基本步骤.

作差比较,是用比较法证明不等式的基本思路. 除此之外,用比较法证明不等式还有一种常用思路 —— 作商比较(如例 6 证法 2).

1. 求证:$(x+3)(x+6)<(x+4)(x+5)$.
2. 求证:$x^2+3>3x$.
3. 设 $a\neq b$,求证:$a^2+3b^2>2b(a+b)$.
4. 设 a,b 为正数,求证:$a^5+b^5\geqslant a^4b+ab^4$.

1. 设 $a>b$，$c<d$，求证：$a-c>b-d$.

2. 设 $a>b>0$，$c<0$，求证：$\frac{c}{a}>\frac{c}{b}$.

3. 设 $a>b>c>0$，求证：$ab>ac>bc$.

4. 设 $a\neq 0$，求证：$(a^2+1)^2>a^4+a^2+1$.

5. 设 $x<1$，求证：$x^3<x^2-x+1$.

6. 设 $a>b$，求证：$a^3-b^3>ab(a-b)$.

7. 求证：$\frac{2a}{1+a^2}\leqslant 1$.

*8. 设 $a>b>c>0$，求证：$a^{2a}b^{2b}c^{2c}>a^{b+c}b^{c+a}c^{a+b}$.

18.2 均值不等式

我们知道，不等式的基本性质是证明不等式的基础，比较法是证明不等式的常用的基本方法. 除此之外，在证明不等式和求函数的最值时，还经常会用到一个重要不等式——均值不等式.

18.2.1 两个正数的均值不等式

请观察下图.

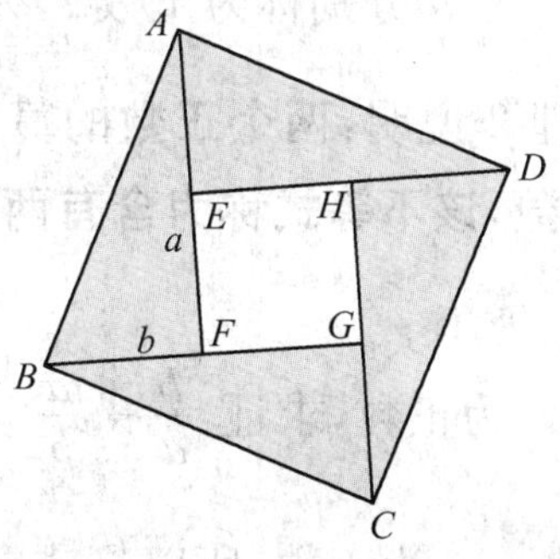

图 18-2-1

这是 2002 年北京国际数学家大会的会徽图，它由 4 个全等的直角三角形拼接而成.

根据图 18-2-1 中大正方形的面积与阴影部分面积的关系，你能得出关于 a,b 的什么不等式？

由图 18-2-1 可知，$S_{正方形ABCD}=AB^2=a^2+b^2$，阴影部分面积 $=4S_{\triangle ABF}=4\times\frac{1}{2}ab=2ab$，显然有 $S_{正方形ABCD}\geqslant 4S_{\triangle ABF}$，即 $a^2+b^2\geqslant 2ab$（当 $AF=BF$ 时，正方形 $EFGH$ 缩为一点，此时 $S_{正方形ABCD}=4S_{\triangle ABF}$）．于是，我们得到如下结论：

对两个正数 a,b，有：$a^2+b^2\geqslant 2ab$.

可以证明，对任意的实数 a,b，也有同样的结论.

定理 1　设 a,b 为实数，则 $a^2+b^2\geqslant 2ab$（当且仅当 $a=b$ 时取"="号）.

证明　因为　$a^2+b^2-2ab=(a-b)^2\geqslant 0$，

所以　$a^2+b^2\geqslant 2ab$（当且仅当 $a=b$ 时取"="号）.

由定理 1 容易得到：

请用比较法证明定理 2.

定理 2　设 a,b 为正数，则 $\frac{a+b}{2}\geqslant\sqrt{ab}$（当且仅当 $a=b$ 时取"="号）.

证明　由定理 1，有 $(\sqrt{a})^2+(\sqrt{b})^2\geqslant 2\sqrt{a}\cdot\sqrt{b}$，

即　$a+b\geqslant 2\sqrt{ab}$，

所以　$\frac{a+b}{2}\geqslant\sqrt{ab}$（当且仅当 $a=b$ 时取"="号）.

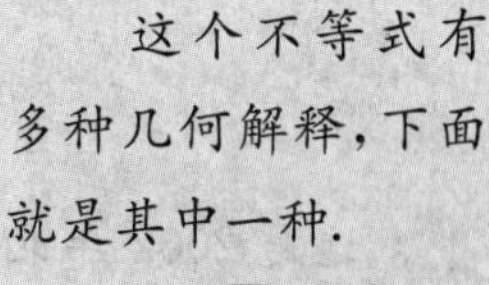

这个不等式有多种几何解释，下面就是其中一种.

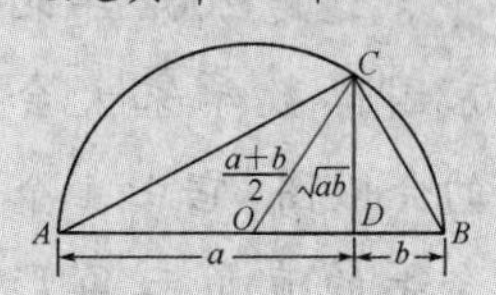

一般地，$\frac{a+b}{2}$、$\sqrt{ab}$ 分别称为正数 a,b 的算术平均数和几何平均数. 定理 2 说明：**两个正数的算术平均数不小于它们的几何平均数，该不等式称为含有两个正数的均值不等式.**

例 1　设 a,b 为正数，求证：$\frac{b}{a}+\frac{a}{b}\geqslant 2$.

证明　因为 a,b 为正数，所以 $\frac{b}{a},\frac{a}{b}$ 为正数，

根据均值不等式，有

$$\frac{b}{a}+\frac{a}{b}\geqslant 2\sqrt{\frac{b}{a}\cdot\frac{a}{b}}=2\times 1=2,$$

即 $\frac{b}{a}+\frac{a}{b}\geqslant 2.$

一般地,对于任意两个正数 x,y,若积 xy 为定值,则当 x,y 满足什么条件时,和 $x+y$ 能取得最小值?反之,若和为定值呢?

根据均值不等式,我们有以下结论:

如果积 xy 为定值 P,那么当且仅当 $x=y$ 时,和 $x+y$ 取得最小值,最小值为 $2\sqrt{P}$;

如果和 $x+y$ 为定值 S,那么当且仅当 $x=y$ 时,积 xy 取得最大值,最大值为 $\frac{S^2}{4}$.

例 2 设 a,b,c,d 为正数,求证:$(ab+cd)(ac+bd)\geqslant 4abcd$.

证明 因为 a,b,c,d 为正数,根据均值不等式,

有 $ab+cd\geqslant 2\sqrt{abcd}>0,ac+bd\geqslant 2\sqrt{acbd}>0$,

将上面两个不等式的两边分别相乘,得

$(ab+cd)(ac+bd)\geqslant 2\sqrt{abcd}\cdot 2\sqrt{acbd}$,

即 $(ab+cd)(ac+bd)\geqslant 4abcd$.

例 3 (1) 设 x 为正数,当 x 取什么值时,函数 $y=x+\frac{4}{x}$ 的值最小?最小值为多少?

(2) 设 $0<x<1$,当 x 取什么值时,函数 $y=x(1-x)$ 的值最大?最大值为多少?

解 (1) 因为 x 为正数,所以 $\frac{4}{x}$ 也为正数,根据均值不等式,有

$$y=x+\frac{4}{x}\geqslant 2\sqrt{x\cdot\frac{4}{x}}=4,$$

当且仅当 $x=\frac{4}{x}$,即 $x=2$ 时取“=”号.

所以当 $x=2$ 时，函数 $y=x+\frac{4}{x}$ 有最小值 4.

(2) 因为 $0<x<1$，所以 x，$1-x$ 都为正数，

根据均值不等式，有

$$\sqrt{x(1-x)}\leqslant\frac{x+(1-x)}{2}=\frac{1}{2},$$

将上述不等式两边平方，得

$$x(1-x)\leqslant\frac{1}{4},$$

当且仅当 $x=1-x$，即 $x=\frac{1}{2}$ 时取"="号.

所以，当 $x=\frac{1}{2}$ 时，函数 $y=x(1-x)$ 有最大值 $\frac{1}{4}$.

例 4 设 $x>1$，求函数 $y=x+\frac{1}{x-1}$ 的最小值.

分析 根据均值不等式，只有两项的乘积为定值时它们的和才有最小值. $x\cdot\frac{1}{x-1}\neq$ 定值，但 $(x-1)\cdot\frac{1}{x-1}=1$（定值），所以需要对函数式进行适当变形.

解 因为 $x>1$，所以 $x-1>0$，

根据均值不等式，有

$$y=x+\frac{1}{x-1}=(x-1)+\frac{1}{x-1}+1$$

$$\geqslant 2\sqrt{(x-1)\cdot\frac{1}{x-1}}+1=3,$$

当且仅当 $x-1=\frac{1}{x-1}$，即 $x=2$ 时取"="号.

所以，当 $x=2$ 时，函数有最小值 3.

例 5 设 $0<x<\frac{3}{2}$，当 x 取什么值时，$x(3-2x)$ 的值最大？最大值是多少？

分析 根据均值不等式，只有两项的和为定值时它们的乘积才有最大值. 但 $\frac{x+(3-2x)}{2}\neq$ 定值，所以需要对 $x(3-2x)$ 进行适当变形.

解 因为$0<x<\frac{3}{2}$，所以$2x>0$，$3-2x>0$，

根据均值不等式，有

$$\sqrt{2x\cdot(3-2x)}\leqslant\frac{2x+(3-2x)}{2}=\frac{3}{2},$$

即$2x\cdot(3-2x)\leqslant\frac{9}{4}$，从而$x(3-2x)\leqslant\frac{9}{8}$.

当且仅当$2x=3-2x$，即$x=\frac{3}{4}$时取“=”号.

所以，当$x=\frac{3}{4}$时，$x(3-2x)$有最大值$\frac{9}{8}$.

例6 求证：在所有周长相等的矩形中，正方形的面积最大.

在所有周长相等的平面图形中，什么图形的面积最大？

证明 设矩形的周长为l，长为x，宽为y，则$x+y=\frac{l}{2}$.

因为$x+y=\frac{l}{2}$（定值），所以它们的积xy有最大值，

即$\sqrt{xy}\leqslant\frac{x+y}{2}=\frac{l}{4}$，

从而矩形的面积$S=xy\leqslant\frac{l^2}{16}$（当且仅当$x=y$时取“=”号）.

因此，当且仅当矩形是正方形时，面积取得最大值$\frac{l^2}{16}$.

例7 某工厂建造一个无盖的长方体贮水池，其容积为2 700 m^3，深度为3 m. 如果池底每平方米的造价为250元，池壁每平方米的造价为200元，怎样设计水池可使总造价最低？最低总造价为多少元？

解 设水池的总造价为y元，池底的一边长为x m，则另一边长为$\frac{2\,700}{3x}$ m，即$\frac{900}{x}$ m，

由题意，得

$$y=250\times\frac{2\,700}{3}+2\times200\times3\times\left(x+\frac{900}{x}\right)$$

$$=250\times900+1\,200\times\left(x+\frac{900}{x}\right),$$

因为 $x\cdot\frac{900}{x}=900$(定值),所以 $x+\frac{900}{x}$ 有最小值.

即 $x+\frac{900}{x}\geqslant2\sqrt{x\cdot\frac{900}{x}}=60$,当且仅当 $x=30$ 时取“=”号.

因此 $y\geqslant250\times900+1\,200\times60=297\,000$(元).

答:当水池底面是边长为 30 m 的正方形时,总造价最低,最低总造价为 297 000 元.

1. 设 $x\neq0$,求证:$2x^2+\frac{1}{x^2}\geqslant2\sqrt{2}$.

2. 设 a,b 为正数,求证:$ab+\frac{1}{ab}+\frac{b}{a}+\frac{a}{b}\geqslant4$.

3. 设 a,b,c 为正数,求证:$(a+b)(b+c)(c+a)\geqslant8abc$.

4. 设 $x>-2$,当 x 取什么值时,$x+\frac{4}{x+2}$ 的值最小? 最小值是多少?

5. 求证:给定圆的内接矩形中,正方形的面积最大.

6. 用铁丝网围成面积为 6 400 m^2 的矩形场地,问至少要用多长的铁丝网?

18.2.2 n 个正数的均值不等式

定理 2 说明,两个正数的算术平均数不小于它们的几何平均数. 那么,对于三个或三个以上的正数,它们的算术平均数和几何平均数之间是否还有类似的结论呢?

一般地,我们有:

定理 3 **设 $a_1,a_2,\cdots,a_n$ 为正数,则** $\frac{a_1+a_2+\cdots+a_n}{n}\geqslant$

$\sqrt[n]{a_1a_2\cdots a_n}$(当且仅当 $a_1=a_2=\cdots=a_n$ 时取“=”号).

一般地,对于 n 个正数 $a_1,a_2,\cdots,a_n$,$\frac{a_1+a_2+\cdots+a_n}{n}$、$\sqrt[n]{a_1a_2\cdots a_n}$ 分别称为它们的算术平均数和几何平均数.定理3说明:n 个正数的算术平均数不小于它们的几何平均数,该不等式称为含有 n 个正数的均值不等式.

例8　设 a,b,c 为正数,求证:$\frac{b}{a}+\frac{c}{b}+\frac{a}{c}\geqslant 3$.

证明　因为 a,b,c 为正数,根据三个正数的均值不等式,

有 $\frac{b}{a}+\frac{c}{b}+\frac{a}{c}\geqslant 3\sqrt[3]{\frac{b}{a}\cdot\frac{c}{b}\cdot\frac{a}{c}}=3$,

即　$\frac{b}{a}+\frac{c}{b}+\frac{a}{c}\geqslant 3$.

例9　设 a,b 为正数,求证:$(a+b+1)(a^2+b^2+1)\geqslant 9ab$.

证明　因为 a,b 为正数,根据三个正数的均值不等式,

有 $a+b+1\geqslant 3\sqrt[3]{ab}>0$,$a^2+b^2+1\geqslant 3\sqrt[3]{a^2b^2}>0$,

将上面两个不等式的两边分别相乘,得

$$(a+b+1)(a^2+b^2+1)\geqslant 3\sqrt[3]{ab}\cdot 3\sqrt[3]{a^2b^2},$$

即　$(a+b+1)(a^2+b^2+1)\geqslant 9ab$.

例10　设 x 为正数,求函数 $y=2x+\frac{1}{x^2}$ 的最小值.

分析　要求最小值,考虑用均值不等式.

$2x+\frac{1}{x^2}\geqslant 2\sqrt{2x\cdot\frac{1}{x^2}}\neq$ 定值,但 $x+x+\frac{1}{x^2}\geqslant 3\sqrt[3]{x\cdot x\cdot\frac{1}{x^2}}=3$(定值),因此可将 $2x$ 拆成 $x+x$.

为什么将 $2x$ 拆成 $x+x$?

解　因为 x 为正数,根据三个正数的均值不等式,

有 $y=2x+\frac{1}{x^2}=x+x+\frac{1}{x^2}\geqslant 3\sqrt[3]{x\cdot x\cdot\frac{1}{x^2}}=3$,

所以当且仅当 $x=\frac{1}{x^2}$，即 $x=1$ 时，函数取得最小值 3.

例 11　设 a_1,a_2,a_3 为正数，且 $a_1a_2a_3=1$，求证：

$$(2+a_1)(2+a_2)(2+a_3)\geqslant 27.$$

> 该例中用的是三个正数的均值不等式，为什么不用两个正数的均值不等式呢？

证明　因为 a_1 为正数，根据三个正数的均值不等式，

有 $$2+a_1=1+1+a_1\geqslant 3\sqrt[3]{a_1}>0,$$

同理 $$2+a_2\geqslant 3\sqrt[3]{a_2}>0,$$

$$2+a_3\geqslant 3\sqrt[3]{a_3}>0,$$

将上面三个不等式的两边分别相乘，得

$$\begin{aligned}&(2+a_1)(2+a_2)(2+a_3)\\ \geqslant\ &3\sqrt[3]{a_1}\cdot 3\sqrt[3]{a_2}\cdot 3\sqrt[3]{a_3}\\ =\ &27\sqrt[3]{a_1a_2a_3}=27,\end{aligned}$$

即 $(2+a_1)(2+a_2)(2+a_3)\geqslant 27.$

*__例 12__　在边长为 30 cm 的正方形铁皮的四个角上各剪去一个小正方形（剪去的四个小正方形全等），然后制成一只无盖的盒子. 问：剪去的小正方形边长为多少时，制成的盒子容积最大？（铁皮的厚度忽略不计）

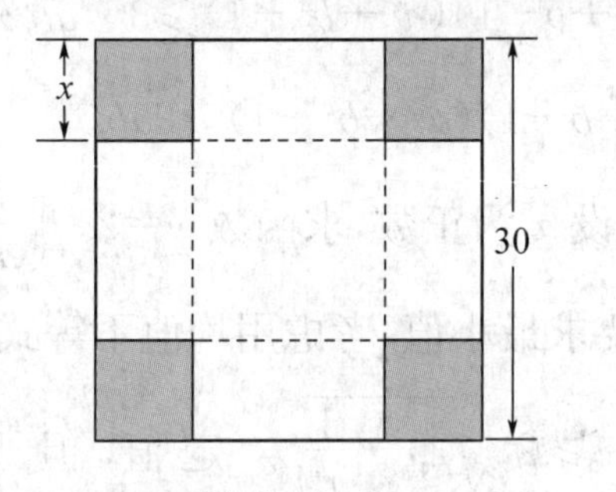

图 18-2-2

解　设剪去的小正方形的边长为 x cm，则盒子的底面边长为 $(30-2x)$cm，高为 x cm，盒子的容积 $V=(30-2x)^2x$ cm^3，根据三个正数的均值不等式，有

$$\frac{(30-2x)+(30-2x)+4x}{3}\geqslant\sqrt[3]{4x(30-2x)^2},$$

即 $20\geqslant\sqrt[3]{4(30-2x)^2x}$，从而

$$4(30-2x)^2x\leqslant 20^3=8\,000,$$

因此 $V=(30-2x)^2x\leqslant 2\,000$，

当且仅当 $30-2x=4x$，即 $x=5$ 时取"="号.

答：剪去的小正方形边长为 5 cm 时，制成的盒子容积最大，最大值为 2 000 cm^3.

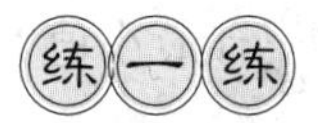

1. 设 a,b,c 为正数，且 $abc=1$，求证：$a+b+c\geqslant 3$.
2. 设 a,b,c 为正数，求证：$(a+b+c)\left(\frac{1}{a}+\frac{1}{b}+\frac{1}{c}\right)\geqslant 9$.
3. 设 x 为正数，当 x 取什么值时，$x+\frac{4}{x^2}$ 的值最小？最小值是多少？
4. 设 a,b 为正数，且 $ab=1$，求证：$(a+3)(b+3)\geqslant 16$.

习题 18.2

1. 设 a,b 为正数，且 $ab=1$，求证：$(a+1)(b+1)\geqslant 4$.
2. 设 a,b,c 为正数，求证：

$$a(b^2+c^2)+b(c^2+a^2)+c(a^2+b^2)\geqslant 6abc.$$

3. 设 a,b,c 为正数，求证：$a+b+c\geqslant\sqrt{ab}+\sqrt{bc}+\sqrt{ca}$.
4. 设 x 为正数，求证：$5-x-\frac{4}{x}\leqslant 1$.
5. 设 θ 为锐角，当 θ 取什么值时，$\tan\theta+\frac{1}{\tan\theta}$ 的值最小？最小值是多少？
6. 设 $0<x<\frac{5}{3}$，当 x 取什么值时，$x(5-3x)$ 的值最大？最大

值是多少？

7. 用长为 100 m 的篱笆围成一个一边靠墙的矩形菜园. 问这个矩形的长、宽各为多少时，菜园的面积最大？最大面积是多少？

8. 求证：在所有面积相等的矩形中，正方形的周长最短.

9. 设 a,b,c 为正数，求证：$(a+b+c)(ab+bc+ca)\geqslant 9abc$.

10. 设 a,b,c 为正数，且 $abc=1$，求证：

$$(1+a+b)(1+b+c)(1+c+a)\geqslant 27.$$

11. 设 $0<x<\dfrac{3}{2}$，求函数 $y=x^2(3-2x)$ 的最大值.

12. 设 x 为正数，当 x 取什么值时，函数 $y=x^3+\dfrac{3}{x}$ 有最小值？最小值是多少？

13. 现要制造一个容积为 27 m^3 的有盖长方体铁皮箱，问怎样才能使用料最省？此时需要铁皮多少？

18.3　分析法与综合法

前面我们已经学习了用比较法或均值不等式来证明一些不等式，本单元将进一步学习证明不等式的基本方法.

你能用所学的方法证明不等式 $\sqrt{3}+\sqrt{5}>\sqrt{2}+\sqrt{6}$ 吗？

用前面的方法，证明上述不等式比较麻烦. 为此，我们改变思考角度：

分析　要证　$\sqrt{3}+\sqrt{5}>\sqrt{2}+\sqrt{6}$，

只要证　$(\sqrt{3}+\sqrt{5})^2>(\sqrt{2}+\sqrt{6})^2$，

只要证　$2\sqrt{15}>2\sqrt{12}$，

只要证　$15>12$.

原不等式成立所需要的条件是 $15>12$. 显然，这个条件是具备的，所以原不等式成立.

上述分析过程，其实就是一种证明. 这种证法是从要证的不等式出发，由“果”探“因”，一步步寻找不等式成立所需要的条件，直到能够肯定某一步成立所需条件已经具备后，断定原不等式成立. 这种分析、解决问题的方法称为**分析法**.

例 1　设 $a>b>0$，求证：$\sqrt{a}-\sqrt{b}<\sqrt{a-b}$.

证法 1　（分析法）

要证　$\sqrt{a}-\sqrt{b}<\sqrt{a-b}$，

只要证　$\sqrt{a}<\sqrt{a-b}+\sqrt{b}$，

只要证　$(\sqrt{a})^2<(\sqrt{a-b}+\sqrt{b})^2$，

即　$a<(a-b)+2\sqrt{(a-b)b}+b$，

即　$0<2\sqrt{(a-b)b}$.

因为　$a>b>0$，所以 $0<2\sqrt{(a-b)b}$ 成立，

因此原不等式成立.

如果改变上述证明过程的书写顺序，可以得到如下证明：

证法 2　因为 $a>b>0$，所以 $0<2\sqrt{(a-b)b}$，

在上述不等式两边同加 a，

得　$a<a+2\sqrt{(a-b)b}$，

即　$a<(a-b)+2\sqrt{(a-b)b}+b$，

即　$(\sqrt{a})^2<(\sqrt{a-b}+\sqrt{b})^2$，

从而　$\sqrt{a}<\sqrt{a-b}+\sqrt{b}$，

即　$\sqrt{a}-\sqrt{b}<\sqrt{a-b}$.

上述证明过程与分析法相反，它从显然成立的条件出发，由“因”导“果”，一步步推演，直到推出要证的不等式. 这种分析、解决问题的方法称为**综合法**.

> 你能用综合法证明 $\sqrt{3}+\sqrt{5}>\sqrt{2}+\sqrt{6}$ 吗？

在证明一些较复杂的不等式时，一般先采用分析法一步步寻找结论成立所需要的条件，直至找到明显成立的条件后，再用综合法写出证明过程.

例 2　设 a,b 为正数，且 $a\neq b$，求证：$\frac{1}{a}+\frac{1}{b}>\frac{4}{a+b}$.

分析　因为 a,b 为正数，所以

要证 $\dfrac{1}{a}+\dfrac{1}{b}>\dfrac{4}{a+b}$,

只要证 $\dfrac{a+b}{ab}>\dfrac{4}{a+b}$,

只要证 $(a+b)^2>4ab$,

只要证 $a^2+b^2+2ab>4ab$,

只要证 $a^2+b^2>2ab$,

因为 $a\neq b$,所以最后一个不等式成立.

证明 因为 $a\neq b$,所以 $a^2+b^2>2ab$,

在上述不等式两边同加 $2ab$,得

$$a^2+b^2+2ab>2ab+2ab,$$

即 $(a+b)^2>4ab$,

又因为 a,b 为正数,在上述不等式两边同乘$\dfrac{1}{ab(a+b)}$,

得 $\dfrac{a+b}{ab}>\dfrac{4}{a+b}$,

即 $\dfrac{1}{a}+\dfrac{1}{b}>\dfrac{4}{a+b}$.

例 3 设$|a|<1,|b|<1$,求证:$\left|\dfrac{a+b}{1+ab}\right|<1$.

分析 要证 $\left|\dfrac{a+b}{1+ab}\right|<1$,

只要证 $|a+b|<|1+ab|$,

只要证 $(a+b)^2<(1+ab)^2$,

只要证 $a^2+b^2+2ab<1+2ab+a^2b^2$,

只要证 $(1-b^2)(1-a^2)>0$,

因为$|a|<1,|b|<1$,所以最后一个不等式成立.

证明 因为 $|a|<1,|b|<1$,

所以 $(1-b^2)(1-a^2)>0$,

即 $a^2+b^2<1+a^2b^2$,

在上述不等式两边同加 $2ab$,

得 $a^2+b^2+2ab<1+2ab+a^2b^2$,

即 $(a+b)^2<(1+ab)^2$,

所以　$|a+b|<|1+ab|$,

即　$\left|\dfrac{a+b}{1+ab}\right|<1.$

在证明不等式时,有时需要同时使用分析法与综合法,即从所证不等式出发,由“果”探“因”,寻找不等式成立所需条件,一旦出现较易处理的“中间不等式”后,转而从已知条件出发,由“因”导“果”,推出“中间不等式”后,原不等式得证.

例 4　设 a,b,c 为正数,求证:

$$\lg\frac{a+b}{2}+\lg\frac{b+c}{2}+\lg\frac{c+a}{2}\geqslant\lg a+\lg b+\lg c.$$

分析与证明

要证　$\lg\dfrac{a+b}{2}+\lg\dfrac{b+c}{2}+\lg\dfrac{c+a}{2}\geqslant\lg a+\lg b+\lg c$,

只要证　$\lg\left(\dfrac{a+b}{2}\cdot\dfrac{b+c}{2}\cdot\dfrac{c+a}{2}\right)\geqslant\lg(abc)$,

只要证　$\dfrac{a+b}{2}\cdot\dfrac{b+c}{2}\cdot\dfrac{c+a}{2}\geqslant abc$,　　　　(∗)

因为 a,b,c 为正数,根据均值不等式,有

$$\frac{a+b}{2}\geqslant\sqrt{ab}>0,\frac{b+c}{2}\geqslant\sqrt{bc}>0,$$

$$\frac{c+a}{2}\geqslant\sqrt{ca}>0,$$

将上面三个不等式两边分别相乘,即得(∗)式成立,

因此原不等式成立.

有时候,一个不等式会有多种证法,具体证明时应根据实际情况灵活选择.

例 5　设 a,b 为正数,求证:$a^3+b^3\geqslant a^2b+ab^2$.

证法 1　(作差比较法)

见本书 P117 例 4

证法 2　(分析法)

因为 a,b 为正数,所以 $a+b>0$,所以

要证　$a^3+b^3\geqslant a^2b+ab^2$，

只要证　$(a+b)(a^2-ab+b^2)\geqslant ab(a+b)$，

只要证　$a^2-ab+b^2\geqslant ab$，

只要证　$a^2+b^2\geqslant 2ab$，

因为不等式 $a^2+b^2\geqslant 2ab$ 成立，所以原不等式成立.

证法 3　（综合法）

因为　$a^2+b^2\geqslant 2ab$，

所以　$a^2-ab+b^2\geqslant ab$，

又因为　$a+b>0$，在上述不等式两边同乘 $a+b$，得

$$(a+b)(a^2-ab+b^2)\geqslant(a+b)ab,$$

即　$a^3+b^3\geqslant a^2b+ab^2$.

例 6　设 $b>a>0, m>0$，求证：$\frac{a+m}{b+m}>\frac{a}{b}$.

证法 1　（作差比较法）

$$\begin{aligned}&\frac{a+m}{b+m}-\frac{a}{b}\\ =&\frac{(a+m)b-a(b+m)}{(b+m)b}\\ =&\frac{(b-a)m}{(b+m)b}.\end{aligned}$$

因为 $b>a>0, m>0$，所以 $b-a>0, \frac{m}{(b+m)b}>0$，

从而　$\frac{(b-a)m}{(b+m)b}>0$，

因此　$\frac{a+m}{b+m}>\frac{a}{b}$.

证法 2　（分析法）

因为 $b>a>0, m>0$，所以

要证　$\frac{a+m}{b+m}>\frac{a}{b}$，

只要证　$(a+m)b>a(b+m)$，

只要证　$bm>am$，

只要证　$(b-a)m>0$，

由已知条件知，上述不等式显然成立，从而原不等式成立.

证法 3　(综合法)

因为　$b>a>0, m>0$，

所以　$(b-a)m>0$，

即　　$bm>am$，

在上述不等式两边同加 ab，得

$$ab+bm>ab+am,$$

即　$(a+m)b>a(b+m)$，

在上述不等式两边同乘$\frac{1}{b(b+m)}$，

得　$\frac{a+m}{b+m}>\frac{a}{b}$，

因此原不等式成立.

我们可以用一个生活中的例子解释例 6 中的不等式：用 a 千克白糖制出 b 千克糖溶液，再在该溶液中添加 m 千克白糖(两种糖溶液均未达到饱和状态)，则加糖前后糖溶液的浓度分别为$\frac{a}{b}$ 和$\frac{a+m}{b+m}$. 根据生活经验，加糖之后糖溶液会变得更甜，也就是浓度增大了，即$\frac{a+m}{b+m}>\frac{a}{b}$.

你还有类似的生活经验吗?

1. 求证：$\sqrt{3}+\sqrt{10}<\sqrt{6}+\sqrt{7}$.
2. 设 $c>1$，求证：$\sqrt{c+1}+\sqrt{c-1}<2\sqrt{c}$.
3. 求证：$\frac{a^2+b^2}{2}\geqslant\left(\frac{a+b}{2}\right)^2$.
4. 设 a, b 为正数，求证：$\frac{2ab}{a+b}\leqslant\sqrt{ab}$.

5. 设 $a > b > 0, m > 0$，求证：$\dfrac{a}{b} > \dfrac{a+m}{b+m}$.

6. 求证：$\dfrac{a^2-1}{a^2+1} \geqslant -1$.

习题 18.3

1. 求证：$\dfrac{1}{\sqrt{3}+\sqrt{2}} > \sqrt{5}-2$.

2. 设 $n > 3$，求证：$\sqrt{n}-\sqrt{n-1} < \sqrt{n-2}-\sqrt{n-3}$.

3. 设 $ad \neq bc$，求证：$(a^2+b^2)(c^2+d^2) > (ac+bd)^2$.

4. 设 a, b 为正数，求证：$\lg \dfrac{a+b}{2} \geqslant \dfrac{\lg a+\lg b}{2}$.

5. 设 a, b, c 为正数，求证：$\left(\dfrac{a}{b}+\dfrac{b}{c}+\dfrac{c}{a}\right)\left(\dfrac{b}{a}+\dfrac{c}{b}+\dfrac{a}{c}\right) \geqslant 9$.

6. 设 a, b 为正数，求证：$(a+b)(a^3+b^3) \geqslant (a^2+b^2)^2$.

7. 设 $n \neq 0$，求证：$4n^4+\dfrac{1}{n^2} \geqslant 3$.

8. 设 $|a| < 1, |b| < 1$，求证：$|1-ab| > |a-b|$.

9. 设 $a \neq 2$，求证：$\dfrac{4a}{4+a^2} < 1$.

10. 民用住宅的窗户面积与地板面积的比值应不小于 10%，并且这个比值越大，住宅的采光条件就越好. 问：窗户和地板同时增加相等的面积，住宅的采光条件是变好了还是变坏了？

反证法与放缩法

不等式的内容非常丰富，证明不等式的方法也很多，前面我们已经介绍了三种基本方法，下面再简单介绍两种常用方法.

1. 反证法

有些不等式直接证明比较困难，若用反证法证明会比较方便.下面请看一个例子：

例1　设 $a^3+b^3=2$，求证：$a+b\leqslant 2$.

证明　假设 $a+b\leqslant 2$ 不成立，则有 $a+b>2$，

即　$a>2-b$，

从而　$a^3>(2-b)^3=8-12b+6b^2-b^3$，

即　$a^3+b^3>6b^2-12b+8=6(b-1)^2+2\geqslant 2$.

这与已知条件 $a^3+b^3=2$ 相矛盾，所以假设不成立.从而原不等式成立.

从例1我们可以概括出用反证法证明不等式的基本思想：

假设要证的不等式不成立，即它的反面成立；再以此为出发点，结合已知条件、性质、定理等，进行正确的推理论证，最后推出与已知条件、已有不等式、明显成立的事实等矛盾的结论，从而断定假设错误，即要证的不等式成立.

反证法是一种非常重要的证明方法，它不仅可以用于证明不等式，还可以证明很多其他数学问题.

2. 放缩法

不等式有这样一条基本性质：若 $a>b,b>c$，则 $a>c$.这表明，若要证明 $a>c$，可以先将 a 适当缩小为 b，再证明 $b>c$；或者先将 c 适当放大为 b，再证明 $a>b$.这样的证明方法就叫作**放缩法**.

例2　设 a,b,c,d 为正数，求证：

$$\frac{a}{a+b+d}+\frac{b}{b+c+a}+\frac{c}{c+d+b}+\frac{d}{d+a+c}>1.$$

证明　因为 a,b,c,d 为正数，所以 $a+b+d<a+b+c+d$，

从而 $\dfrac{a}{a+b+d}>\dfrac{a}{a+b+c+d}$，

同理 $\dfrac{b}{b+c+a}>\dfrac{b}{a+b+c+d}$，

$$\frac{c}{c+d+b}>\frac{c}{a+b+c+d},$$

$$\frac{d}{d+a+c}>\frac{d}{a+b+c+d},$$

将上面四个不等式两边分别相加，得

$$\frac{a}{a+b+d}+\frac{b}{b+c+a}+\frac{c}{c+d+b}+\frac{d}{d+a+c}>\frac{a+b+c+d}{a+b+c+d}=1,$$

因此原不等式成立.

放缩法也是证明不等式的一种重要方法，但在放缩的时候一定要适度，不能放得过大或缩得过小，否则这种方法会无效.

18.4 排序不等式与柯西不等式

我们知道,均值不等式是一个很重要的不等式.本单元将介绍另两个重要不等式,它们不仅结构优美,而且应用广泛.

18.4.1 排序不等式

问题 1 某班举行新年联欢会,需要购买单价为 5 元和 8 元的两种奖品,一种奖品买 4 件,另一种奖品买 6 件,问怎样购买花钱少?

分析 根据生活经验,便宜的奖品多买、贵的奖品少买,花钱较少.于是买 6 件 5 元的奖品,买 4 件 8 元的奖品,共花钱:$5\times6+8\times4=62$(元).

另一种买法,即贵的多买、便宜的少买,共花钱:$5\times4+8\times6=68$(元).

显然前一种买法花钱较少.

把上述问题抽象成数学模型,可以得到:

定理 1 设实数 a,b,c,d 满足 $a\leqslant b,c\leqslant d$,则 $ad+bc\leqslant ac+bd$(当且仅当 $a=b$ 或 $c=d$ 时取"$=$"号).

证明 因为 $a\leqslant b,c\leqslant d$,

所以 $a-b\leqslant0,c-d\leqslant0$,

从而 $(a-b)(c-d)\geqslant0$,

即 $ac+bd-ad-bc\geqslant0$,

因此 $ad+bc\leqslant ac+bd$(当且仅当 $a=b$ 或 $c=d$ 时取"$=$"号).

问题 2 若需要购买三种价格不同的奖品 4 件、6 件和 8 件,现在选择超市中单价为 5 元、8 元和 10 元的奖品,问怎样购买花钱最少?

由此,你能得出什么结论?

定理 2 设实数 a_1,a_2,a_3,b_1,b_2,b_3 满足 $a_1\leqslant a_2\leqslant a_3$,

$b_1 \leqslant b_2 \leqslant b_3$，则 $a_1b_3 + a_2b_2 + a_3b_1 \leqslant a_1b_{j_1} + a_2b_{j_2} + a_3b_{j_3} \leqslant a_1b_1 + a_2b_2 + a_3b_3$，其中 j_1, j_2, j_3 是 1,2,3 的任一排列（当且仅当 $a_1 = a_2 = a_3$ 或 $b_1 = b_2 = b_3$ 时取“=”号）.

（证明留给有兴趣的同学）

我们称 $a_1b_1 + a_2b_2 + a_3b_3$ 为顺序和（或同序和），$a_1b_{j_1} + a_2b_{j_2} + a_3b_{j_3}$ 为乱序和，$a_1b_3 + a_2b_2 + a_3b_1$ 为逆序和（或倒序和）. 由定理 2 可知：逆序和 $\leqslant$ 乱序和 $\leqslant$ 顺序和.

一般地，有以下结论.

逆序和≤乱序和≤顺序和

定理 3（排序不等式）　设有两个有序实数组 $a_1 \leqslant a_2 \leqslant \cdots \leqslant a_n$，$b_1 \leqslant b_2 \leqslant \cdots \leqslant b_n$，则

$$\begin{aligned} & a_1b_n + a_2b_{n-1} + \cdots + a_nb_1 \\ \leqslant\ & a_1b_{j_1} + a_2b_{j_2} + \cdots + a_nb_{j_n} \\ \leqslant\ & a_1b_1 + a_2b_2 + \cdots + a_nb_n. \end{aligned}$$

其中 $j_1, j_2, \cdots, j_n$ 是 $1, 2, \cdots, n$ 的任一排列（当且仅当 $a_1 = a_2 = \cdots = a_n$ 或 $b_1 = b_2 = \cdots = b_n$ 时取“=”号）.

例 1　设 a, b, c 为实数，求证：

$$a^2 + b^2 + c^2 \geqslant ab + bc + ca.$$

证明　根据所需证明的不等式中 a, b, c 的“地位”的对称性，

不妨设 $a \geqslant b \geqslant c$，根据排序不等式，有

$a \cdot a + b \cdot b + c \cdot c \geqslant a \cdot b + b \cdot c + c \cdot a$，（顺序和 $\geqslant$ 乱序和）

所以　$a^2 + b^2 + c^2 \geqslant ab + bc + ca$.

例 2　设 a, b 为正数，求证：$\dfrac{b}{a^2} + \dfrac{a}{b^2} \geqslant \dfrac{1}{a} + \dfrac{1}{b}$.

证明　根据所需证明的不等式中 a, b 的“地位”的对称性，

不妨设 $a \geqslant b > 0$，则 $\dfrac{1}{b^2} \geqslant \dfrac{1}{a^2} > 0$，

根据排序不等式，有

$$a \cdot \frac{1}{b^2} + b \cdot \frac{1}{a^2} \geqslant a \cdot \frac{1}{a^2} + b \cdot \frac{1}{b^2},$$

即　$\frac{b}{a^2}+\frac{a}{b^2}\geqslant\frac{1}{a}+\frac{1}{b}$,

所以原不等式成立.

例 3　设$\triangle ABC$为锐角三角形,求证:

$$\frac{\sin A}{\cos B}+\frac{\sin B}{\cos C}+\frac{\sin C}{\cos A}\leqslant\tan A+\tan B+\tan C.$$

证明　根据所需证明的不等式中A,B,C的"地位"的对称性及$\triangle ABC$为锐角三角形,不妨设$\frac{\pi}{2}>A\geqslant B\geqslant C>0$,

则$\sin A\geqslant\sin B\geqslant\sin C,\frac{1}{\cos A}\geqslant\frac{1}{\cos B}\geqslant\frac{1}{\cos C}$,

根据排序不等式,有

$$\sin A\cdot\frac{1}{\cos A}+\sin B\cdot\frac{1}{\cos B}+\sin C\cdot\frac{1}{\cos C}$$

$$\geqslant\sin A\cdot\frac{1}{\cos B}+\sin B\cdot\frac{1}{\cos C}+\sin C\cdot\frac{1}{\cos A}$$

即$\frac{\sin A}{\cos B}+\frac{\sin B}{\cos C}+\frac{\sin C}{\cos A}\leqslant\tan A+\tan B+\tan C$.

所以原不等式成立.

例 4　设a,b,c为正数,求证:$\frac{bc}{a}+\frac{ca}{b}+\frac{ab}{c}\geqslant a+b+c$.

分析　观察欲证不等式,左右两边形式不同.为了能够利用排序不等式,需要将右边变成与左边相同的形式,有

$$a+b+c=\frac{ab}{b}+\frac{bc}{c}+\frac{ca}{a}.$$

证明　根据所需证明的不等式中a,b,c的"地位"的对称性,

不妨设$a\geqslant b\geqslant c>0$,

则　$\frac{1}{c}\geqslant\frac{1}{b}\geqslant\frac{1}{a},ab\geqslant ac\geqslant bc$,

根据排序不等式,有

你能用其他方法证明例4吗?

$$\frac{1}{c}\cdot ab+\frac{1}{b}\cdot ac+\frac{1}{a}\cdot bc$$
$$\geqslant\frac{1}{c}\cdot bc+\frac{1}{b}\cdot ab+\frac{1}{a}\cdot ac,$$

即　$\frac{bc}{a}+\frac{ca}{b}+\frac{ab}{c}\geqslant a+b+c.$

所以原不等式成立.

例5　现有5个人各拿一个水桶去接水,水龙头注满这5个水桶分别需要3分钟、2分钟、6分钟、4分钟、5分钟.当只有一个水龙头时,应如何安排5个人接水的顺序,才能使他们等待的总时间最少(等待时间含接水时间)?

分析　设第i个接水的人接满一桶水需t_i分钟($i=1,2,3,4,5$),则第1个接水的人等待时间为t_1分钟;第2个接水的人等待时间为t_1+t_2分钟,…,第5个接水的人等待时间为$t_1+t_2+t_3+t_4+t_5$分钟.所以,5人等待的总时间(分钟)是

$$t_1+(t_1+t_2)+(t_1+t_2+t_3)+(t_1+t_2+t_3+t_4)+(t_1+t_2+t_3+t_4+t_5)=5t_1+4t_2+3t_3+2t_4+t_5.$$

解　设第1个人接满一桶水需t_1分钟,第2个人接满一桶水需t_2分钟,…,第5个人接满一桶水需t_5分钟,则等待总时间(分钟)是

$$T=5t_1+4t_2+3t_3+2t_4+t_5,$$

由排序不等式,有顺序和≥乱序和≥逆序和,

因为　$5>4>3>2>1$,

所以,当$t_1<t_2<t_3<t_4<t_5$时T最小,

最少时间为$5\times2+4\times3+3\times4+2\times5+1\times6=50$(分钟).

答:应该按照5个人接水时间从少到多的顺序安排,才能使他们等待的总时间最少.

这一答案与人们的生活经验吻合,让接水用时少的人先接水,这样等待的总时间最少.

你发现还有哪些地方也存在类似问题?

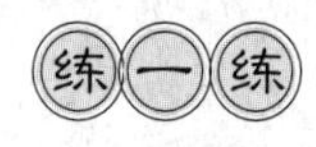

利用排序不等式证明下列不等式：

1. 证明含有两个变量的均值不等式.
2. 设 a,b 为正数，求证：$\frac{a}{\sqrt{b}}+\frac{b}{\sqrt{a}}\geqslant\sqrt{a}+\sqrt{b}$.
3. 设 a,b,c 为正数，求证：$a^3+b^3+c^3\geqslant a^2b+b^2c+c^2a$.
4. 设 a,b 为实数，求证：$a^4+b^4\geqslant a^3b+ab^3$.

18.4.2　柯西不等式

通过前一节的学习，我们已经知道了排序不等式的广泛应用. 本节将介绍另一个重要不等式——柯西不等式.

柯西不等式是柯西在 1831 年研究复分析中的“留数”问题时得到的.

定理 4　对任意实数 a,b,c,d，有 $(a^2+b^2)(c^2+d^2)\geqslant(ac+bd)^2$（当且仅当 $ad=bc$ 时取“=”号）.

证法 1　（作差比较法）

因为

$$\begin{aligned}&(a^2+b^2)(c^2+d^2)-(ac+bd)^2\\=&(a^2c^2+a^2d^2+b^2c^2+b^2d^2)-(a^2c^2+2abcd+b^2d^2)\\=&a^2d^2+b^2c^2-2abcd\\=&(ad-bc)^2\geqslant0,\end{aligned}$$

所以 $(a^2+b^2)(c^2+d^2)\geqslant(ac+bd)^2$（当且仅当 $ad=bc$ 时取“=”号）.

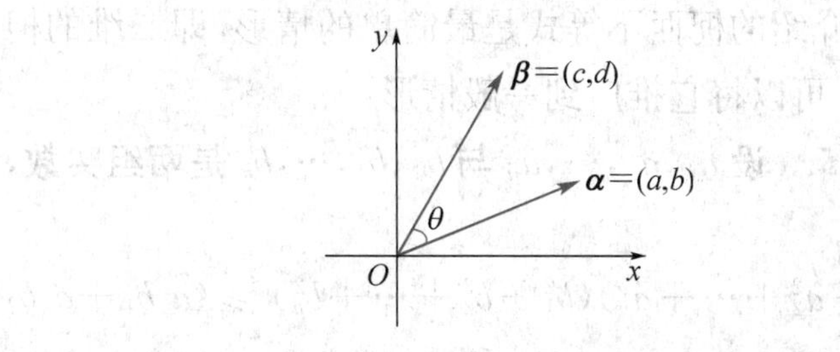

图 18－4－1

证法 2　如图 18－4－1 设向量 $\boldsymbol{\alpha}=(a,b)$，$\boldsymbol{\beta}=(c,d)$，

向量 $\boldsymbol{\alpha}$ 与 $\boldsymbol{\beta}$ 的夹角为 θ,

$$由\ \boldsymbol{\alpha}\cdot\boldsymbol{\beta}=|\boldsymbol{\alpha}||\boldsymbol{\beta}|\cos\theta,$$

得 $|\boldsymbol{\alpha}\cdot\boldsymbol{\beta}|\leqslant|\boldsymbol{\alpha}||\boldsymbol{\beta}|$,

即 $|ac+bd|\leqslant\sqrt{a^2+b^2}\sqrt{c^2+d^2}$,

两边平方得:$(a^2+b^2)(c^2+d^2)\geqslant(ac+bd)^2$(当且仅当 $\theta=0$ 或 π,即 $\boldsymbol{\alpha}$ 与 $\boldsymbol{\beta}$ 共线时取“$=$”号),

柯西不等式在不等式的证明中有着很广泛的运用.

例 6 设 $ab\neq 0$,求证:$(a^2+b^2)\left(\frac{1}{a^2}+\frac{1}{b^2}\right)\geqslant 4$.

证明 根据柯西不等式,有

> 你能用其他方法证明例 6 吗?

$$(a^2+b^2)\left(\frac{1}{a^2}+\frac{1}{b^2}\right)\geqslant\left(a\cdot\frac{1}{a}+b\cdot\frac{1}{b}\right)^2=4,$$

所以原不等式成立.

例 7 设 $a+2b=1$,求证:$a^2+b^2\geqslant\frac{1}{5}$.

分析 由 $a+2b=1$ 以及 a^2+b^2 的形式,联系柯西不等式,想到可构造因式(1^2+2^2).

证明 根据柯西不等式,有

$$(a^2+b^2)(1^2+2^2)\geqslant(a+2b)^2,$$

又 $a+2b=1$,

从而 $5(a^2+b^2)\geqslant 1$,

所以 $a^2+b^2\geqslant\frac{1}{5}$.

以上介绍的柯西不等式是最简单的情形,即二维的柯西不等式.可以将它推广到一般情形:

定理 5 **设 $a_1,a_2,\cdots,a_n$ 与 $b_1,b_2,\cdots,b_n$ 是两组实数,则有**

$$(a_1^2+a_2^2+\cdots+a_n^2)(b_1^2+b_2^2+\cdots+b_n^2)\geqslant(a_1b_1+a_2b_2+\cdots+a_nb_n)^2\left(\text{当且仅当}\frac{a_1}{b_1}=\frac{a_2}{b_2}=\cdots=\frac{a_n}{b_n}\text{时取“}=\text{”号}\right).$$

(证明留给有兴趣的同学.)

例 8 设 $a^2+b^2+c^2=1$，$x^2+y^2+z^2=9$，求证：$|ax+by+cz|\leqslant 3$.

证明 根据柯西不等式，有

$$(a^2+b^2+c^2)(x^2+y^2+z^2)\geqslant(ax+by+cz)^2$$

又 $a^2+b^2+c^2=1$，$x^2+y^2+z^2=9$，
所以 $1\times 9\geqslant(ax+by+cz)^2$，

即 $|ax+by+cz|\leqslant 3$.

例 9 设 $a+2b+3c=1$，求证：$a^2+b^2+c^2\geqslant\frac{1}{14}$.

分析 由 $a+2b+3c=1$ 以及 $a^2+b^2+c^2$ 的形式，联系柯西不等式，想到构造因式 $(1^2+2^2+3^2)$.

证明 根据柯西不等式，有

$$(a^2+b^2+c^2)(1^2+2^2+3^2)\geqslant(a+2b+3c)^2,$$

又 $a+2b+3c=1$

从而 $14(a^2+b^2+c^2)\geqslant 1$，

所以 $a^2+b^2+c^2\geqslant\frac{1}{14}$.

例 10 设 $a_1,a_2,\cdots,a_n$ 为实数，$b_1,b_2,\cdots,b_n$ 为正数，求证：

$$\frac{a_1^2}{b_1}+\frac{a_2^2}{b_2}+\cdots+\frac{a_n^2}{b_n}\geqslant\frac{(a_1+a_2+\cdots+a_n)^2}{b_1+b_2+\cdots+b_n}.$$

有学者将例 10 中的不等式称为分式型柯西不等式.

分析 因为 $b_1,b_2,\cdots,b_n$ 为正数，所以 $b_1+b_2+\cdots+b_n>0$.

要证原不等式，只要证：

$$(b_1+b_2+\cdots+b_n)\left(\frac{a_1^2}{b_1}+\frac{a_2^2}{b_2}+\cdots+\frac{a_n^2}{b_n}\right)$$
$$\geqslant(a_1+a_2+\cdots+a_n)^2,$$

可以利用柯西不等式.

证明 因为 $b_1,b_2,\cdots,b_n$ 为正数，根据柯西不等式，有

$$\left[(\sqrt{b_1})^2+(\sqrt{b_2})^2+\cdots+(\sqrt{b_n})^2\right]\left[\left(\frac{a_1}{\sqrt{b_1}}\right)^2+\right.$$

$$\left(\frac{a_2}{\sqrt{b_2}}\right)^2+\cdots+\left(\frac{a_n}{\sqrt{b_n}}\right)^2\Bigg]\geqslant\left(\sqrt{b_1}\cdot\frac{a_1}{\sqrt{b_1}}+\sqrt{b_2}\cdot\frac{a_2}{\sqrt{b_2}}+\cdots+\sqrt{b_n}\cdot\frac{a_n}{\sqrt{b_n}}\right)^2,$$

即$(b_1+b_2+\cdots+b_n)\left(\frac{a_1^2}{b_1}+\frac{a_2^2}{b_2}+\cdots+\frac{a_n^2}{b_n}\right)\geqslant(a_1+a_2+\cdots+a_n)^2$,

在上述不等式两边同乘$\frac{1}{b_1+b_2+\cdots+b_n}$,得

$$\frac{a_1^2}{b_1}+\frac{a_2^2}{b_2}+\cdots+\frac{a_n^2}{b_n}\geqslant\frac{(a_1+a_2+\cdots+a_n)^2}{b_1+b_2+\cdots+b_n}.$$

利用柯西不等式证明下列不等式:

1. 证明含有两个变量的均值不等式.
2. 设$a^2+b^2=1,x^2+y^2=1$,求$ax+by$的取值范围.
3. 设$a+b+c=1$,求证:$a^2+b^2+c^2\geqslant\frac{1}{3}$.

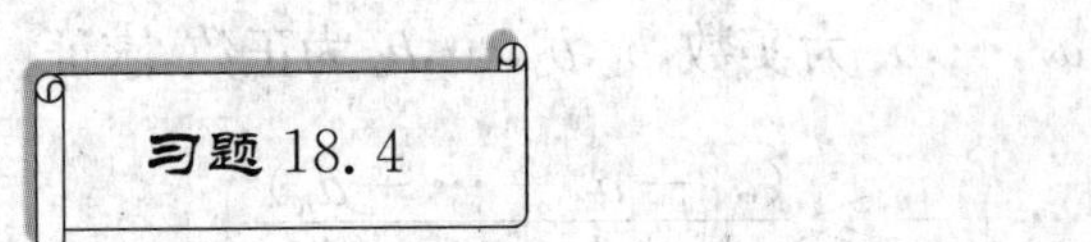

1. 设a,b,c,d为实数,用排序不等式证明:
$$a^2+b^2+c^2+d^2\geqslant ab+bc+cd+da.$$
2. 设a,b为正数,用排序不等式证明:$\frac{a^2}{b}+\frac{b^2}{a}\geqslant a+b$.
3. 设a,b,c为正数,用排序不等式证明:
$$a^4+b^4+c^4\geqslant a^3b+b^3c+c^3a.$$
4. 设a,b,c为正数,用排序不等式证明:
$$2(a^3+b^3+c^3)\geqslant a^2(b+c)+b^2(a+c)+c^2(a+b).$$
5. 设$a^2+b^2=1$,用柯西不等式证明:$|a\sin\theta+b\cos\theta|\leqslant 1$.
6. 设$a^2+b^2+c^2=1,x^2+y^2+z^2=1$,用柯西不等式证明:

$$|ax+by+cz|\leqslant 1.$$

7. 设 a,b,c 为正数,用柯西不等式证明:$\frac{a^2}{b}+\frac{b^2}{c}+\frac{c^2}{a}\geqslant a+b+c$.

8. 设 x,y 为实数,且满足 $3x^2+2y^2\leqslant 6$,求 $p=2x+y$ 的最大值.

数学精英——柯西

柯西(Cauchy, Augustin-Louis, 1789—1857年)是法国伟大的数学家、力学家.他于1805年考入巴黎综合工科学校,在那里主要学习数学和力学;后又考入桥梁工程学校.柯西先后被任命为巴黎运河工程的工程师、法国科学院院士、综合工科学校教授、巴黎大学力学教授、巴黎大学数理天文学教授等.

柯西从小就喜爱数学,在童年时代就接触到拉普拉斯和拉格朗日两位大数学家.他们对他的才能十分赏识.拉格朗日认为他将来必定会成为大数学家,此话果被言中.在数学上,很多定理和公式都是以他的名字命名的,除了本章我们学习的柯西不等式之外,还有柯西积分、柯西函数、柯西矩阵、柯西分布、柯西变换、柯西准则、柯西算子、柯西序列等,不胜枚举.这些等以后学习高等数学时,大家会陆续接触到.在学习立体几何时,我们曾介绍过凸正多面体只有五种,这个结论也是柯西证明的.另外,他还得到了欧拉关于多面体的顶点、面和棱的个数关系式的另一证明,并加以推广.总之,柯西是一位非常多产的数学家,他的创造力惊人,一生共发表论文800余篇,出版专著7本.从他23岁写出第一篇论文到68岁逝世的45年中,平均每月发表一至两篇论文,几乎涉及当时所有的数学分支.

柯西有一句名言:“人总是要死的,但他们的业绩应该永存.”他确实做到了.

本章小结

本章介绍了证明不等式的三种方法.作差比较法是证明不等式最基本的方法;分析法和综合法是解决数学问题的一般思想方法,也是证明不等式的基本方法.

本章还介绍了三个重要不等式.均值不等式有明确的几何意义,在实际中有许多重要应用,也是证明其他不等式的重要工具;排序不等式和柯西不等式都是基本而重要的不等式,许多不等式都可以借助它们得到证明.

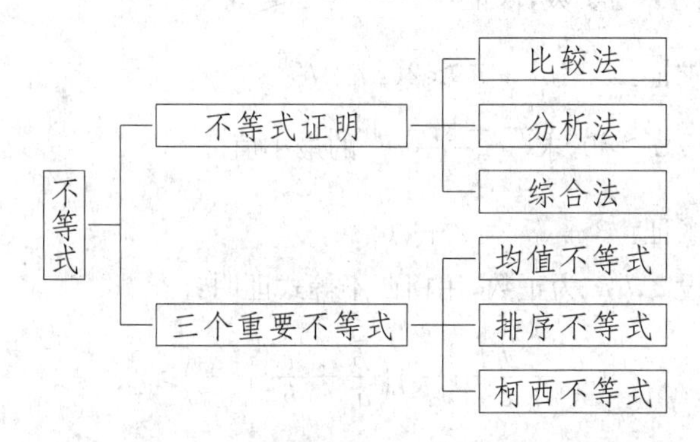

复习参考题

A 组

1. 设 $a>b>0$，$c<d<0$，$f<0$，求证：$\frac{f}{a-c}>\frac{f}{b-d}$.

2. 设 $a\neq 0$，求证：

$(a^2+\sqrt{2}a+1)(a^2-\sqrt{2}a+1)<(a^2+a+1)(a^2-a+1)$.

3. 设 x 为实数，求证：$\frac{x^2+x+1}{x^2-x+1}\leqslant 3$.

4. 求证：$a^2+b^2+5\geqslant 2(2a+b)$.

5. 设 $x>0$，求 $\frac{x^2+3x+1}{x}$ 的最小值.

6. 求证：$\sqrt{3}+\sqrt{7}<2+\sqrt{6}$.

7. 设 a,b,c 为正数，用柯西不等式证明：

$$\left(\frac{a}{b}+\frac{b}{c}+\frac{c}{a}\right)\left(\frac{b}{a}+\frac{c}{b}+\frac{a}{c}\right)\geqslant 9.$$

B 组

1. 已知 a,b,c 及 x,y,z 都是正数，求证：

$$\frac{b+c}{a}x^2+\frac{c+a}{b}y^2+\frac{a+b}{c}z^2\geqslant 2(xy+yz+zx).$$

2. 求证：$\frac{a^2+2}{\sqrt{a^2+1}}\geqslant 2$.

3. 设 a,b,c 为三角形的三边，$m>0$，求证：$\frac{a}{a+m}+\frac{b}{b+m}>\frac{c}{c+m}$.

4. 设 $a_1,a_2,\cdots,a_n$ 为正数，且 $a_1a_2\cdots a_n=1$，求证：

$$(3+a_1)(3+a_2)\cdots(3+a_n)\geqslant 4^n.$$

5. 设 $a_1,a_2,\cdots,a_n$ 为正数，试分别用排序不等式与柯西不等式证明：

$$\frac{a_1^2}{a_2}+\frac{a_2^2}{a_3}+\cdots+\frac{a_{n-1}^2}{a_n}+\frac{a_n^2}{a_1}\geqslant a_1+a_2+\cdots+a_n.$$

*6. 求函数 $y=\sqrt{x^2+2}+\frac{1}{\sqrt{x^2+2}}$ 的最小值.

*7. 求证：在所有周长相等的三角形中，正三角形的面积最大. $\left(\right.$提示：可利用均值不等式和三角形面积的海伦公式：$S=\sqrt{p(p-a)(p-b)(p-c)}$，其中 $p=\frac{a+b+c}{2}$$\left.\right)$

*8. 设 a,b,c 为两两不等的正整数，利用排序不等式证明：

$$a+\frac{b}{2^2}+\frac{c}{3^2}\geqslant 1+\frac{1}{2}+\frac{1}{3}.$$

*9. 在 $\triangle ABC$ 中，a,b,c 分别是角 A,B,C 的对边，利用排序不等式证明：

$$\frac{aA+bB+cC}{a+b+c}\geqslant\frac{\pi}{3}.$$

第十九章

空间向量与立体几何

章节结构

- 空间向量与立体几何
  - 空间向量的运算
    - 空间向量的线性运算
    - 共面向量定理
    - 空间向量的数量积
  - 空间向量的坐标表示
    - 空间直角坐标系
    - 空间向量基本定理
    - 空间向量运算的坐标公式
  - 空间向量在立体几何中的应用
    - 空间线线问题应用举例
    - 空间线面、面面问题应用举例

数学概念的推广往往会带来更完备的性质和更广泛的应用. 在第二册,为了解决平面上有关点、直线的问题,将三角、代数和解析几何(直线部分)等内容有机地联系起来,我们引入了平面向量及其运算. 那么,能否进一步将向量由平面向空间推广,建立相应的运算及其性质,用空间向量研究空间有关点、直线和平面的相关问题呢?

19.1　空间向量的运算

在空间,具有大小和方向的量叫作**空间向量**. 与平面向量一样,空间向量也用有向线段来表示,如图19－1－1.

图 19－1－1

空间向量是平面向量在空间的推广,接下来我们将通过与平面向量的运算性质进行类比,来研究空间向量的运算性质.

19.1.1　空间向量的线性运算

由于空间任意两个向量都可以平移到同一个平面内,成为同一平面内的两个向量. 因此,可以像平面向量一样,定义空间向量的加法、减法与数乘运算(如图 19－1－2):

向量的加法、减法和数乘运算统称为向量的线性运算。

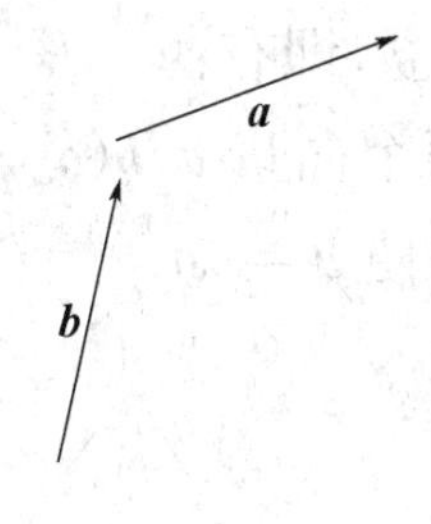

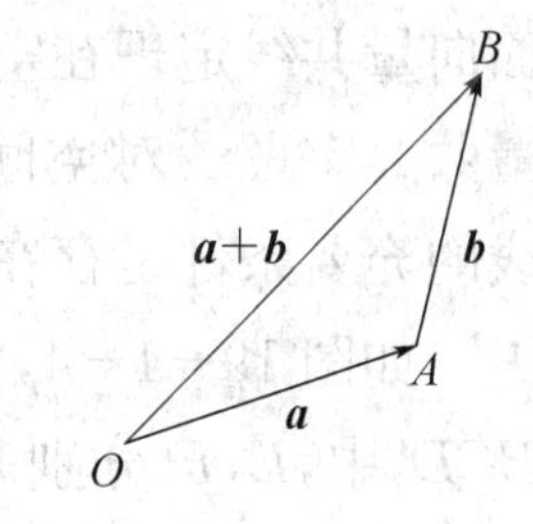

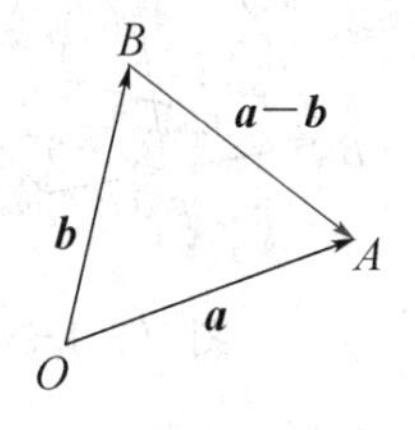

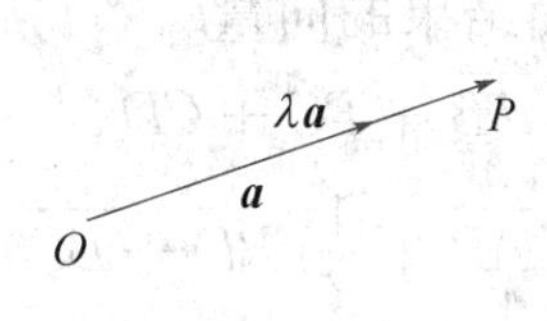

图 19－1－2

同样,空间向量的加法与数乘运算满足如下**运算律**:

(1) $\boldsymbol{a}+\boldsymbol{b}=\boldsymbol{b}+\boldsymbol{a}$;(加法的交换律)

(2) $(\boldsymbol{a}+\boldsymbol{b})+\boldsymbol{c}=\boldsymbol{a}+(\boldsymbol{b}+\boldsymbol{c})$;(加法的结合律)

(3) $\lambda(\boldsymbol{a}+\boldsymbol{b})=\lambda\boldsymbol{a}+\lambda\boldsymbol{b}(\lambda\in\mathbf{R})$. (对向量加法的分配律)

因为运算律(1)和(3)只涉及到两个向量,而任意两个空间向量可以平移到同一平面内，因此，可以将它们看成平面向量的运算律.

下面仅借助空间四边形验证运算律(2)：

如图 19-1-3，设$\overrightarrow{OA}=\boldsymbol{a}$，$\overrightarrow{AB}=\boldsymbol{b}$，$\overrightarrow{BC}=\boldsymbol{c}$. 则

一方面，$(\boldsymbol{a}+\boldsymbol{b})+\boldsymbol{c}=(\overrightarrow{OA}+\overrightarrow{AB})+\overrightarrow{BC}=\overrightarrow{OB}+\overrightarrow{BC}=\overrightarrow{OC}$；

另一方面，$\boldsymbol{a}+(\boldsymbol{b}+\boldsymbol{c})=\overrightarrow{OA}+(\overrightarrow{AB}+\overrightarrow{BC})=\overrightarrow{OA}+\overrightarrow{AC}=\overrightarrow{OC}$.

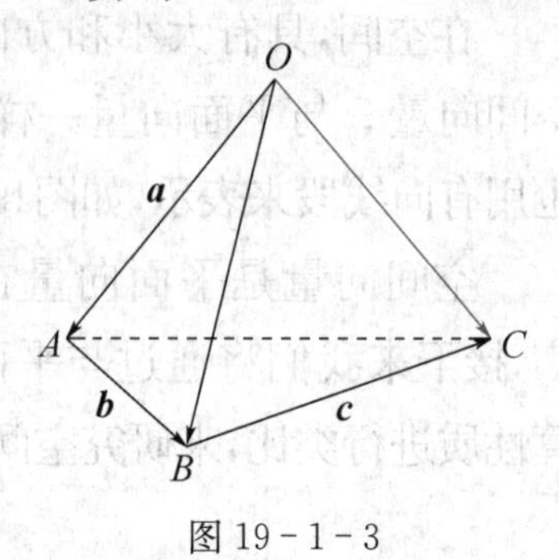

图 19-1-3

因此 $(\boldsymbol{a}+\boldsymbol{b})+\boldsymbol{c}=\boldsymbol{a}+(\boldsymbol{b}+\boldsymbol{c})$.

如果表示空间向量的有向线段所在的直线互相平行或重合，那么这些空间向量叫作**共线向量**或**平行向量**. 向量 $\boldsymbol{a}$ 与 $\boldsymbol{b}$ 平行，记作 $\boldsymbol{a}\parallel\boldsymbol{b}$.

平面向量共线定理在空间也成立，即有：

向量共线定理　对空间任意两个向量 $\boldsymbol{a}$，$\boldsymbol{b}(\boldsymbol{a}\neq\boldsymbol{0})$，$\boldsymbol{b}$ 与 $\boldsymbol{a}$ 共线的充要条件是存在实数 λ，使 $\boldsymbol{b}=\lambda\boldsymbol{a}$.

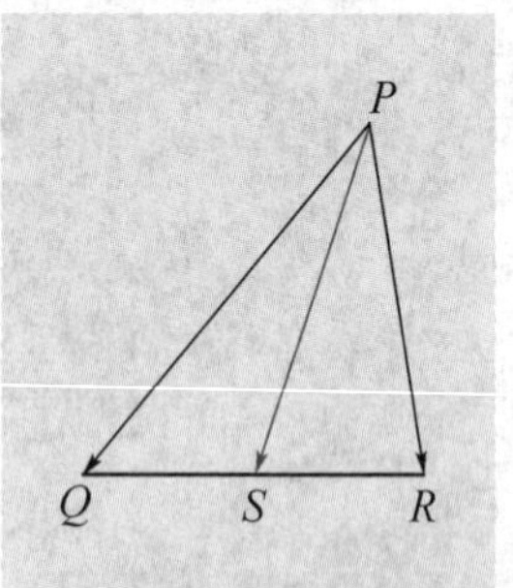

若 S 为 QR 中点，点 P 为空间任意一点，则$\overrightarrow{PS}=\frac{1}{2}(\overrightarrow{PQ}+\overrightarrow{PR})$.

例 1　如图 19-1-4，在三棱锥 $A-BCD$ 中，E，F 分别是 BC，CD 的中点. 化简下列各表达式，并标出化简结果的向量.

(1) $\overrightarrow{AB}+\overrightarrow{BC}+\overrightarrow{CD}$；

(2) $\overrightarrow{AB}+\frac{1}{2}(\overrightarrow{BD}+\overrightarrow{BC})$；

(3) $\overrightarrow{AF}-\frac{1}{2}(\overrightarrow{AB}+\overrightarrow{AC})$.

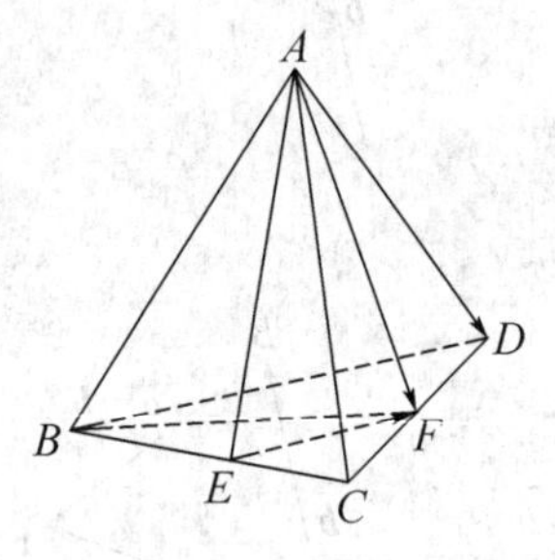

图 19-1-4

解　(1) $\overrightarrow{AB}+\overrightarrow{BC}+\overrightarrow{CD}=\overrightarrow{AC}+\overrightarrow{CD}=\overrightarrow{AD}$.

(2) 因为 F 是 CD 的中点，所以在 $\triangle BCD$ 中，$\frac{1}{2}(\overrightarrow{BC}+\overrightarrow{BD})=\overrightarrow{BF}$，

因此

$$\overrightarrow{AB}+\frac{1}{2}(\overrightarrow{BD}+\overrightarrow{BC})=\overrightarrow{AB}+\overrightarrow{BF}=\overrightarrow{AF}.$$

(3) 因为$\frac{1}{2}(\overrightarrow{AB}+\overrightarrow{AC})=\overrightarrow{AE}$,所以

$$\overrightarrow{AF}-\frac{1}{2}(\overrightarrow{AB}+\overrightarrow{AC})=\overrightarrow{AF}-\overrightarrow{AE}=\overrightarrow{EF}.$$

例 2　如图 19-1-5,在四面体 $ABCD$ 中,M、N 分别是 AB、CD 的中点.求证:$\overrightarrow{MN}=\frac{1}{2}(\overrightarrow{AD}+\overrightarrow{BC})$.

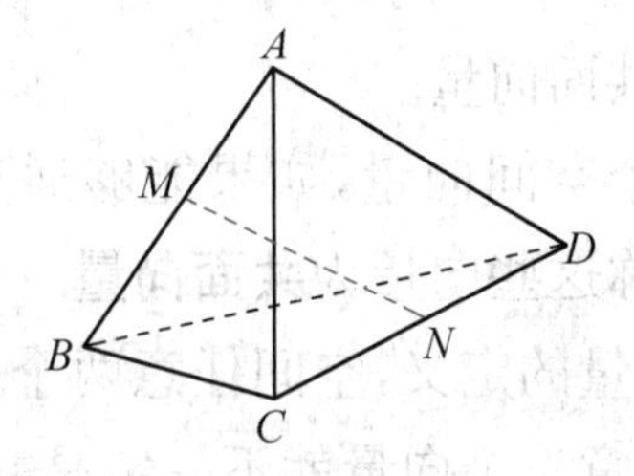

图 19-1-5

证明　由已知,得$\overrightarrow{MA}=-\overrightarrow{MB}$,$\overrightarrow{DN}=-\overrightarrow{CN}$,

由于

$$\overrightarrow{MN}=\overrightarrow{MA}+\overrightarrow{AD}+\overrightarrow{DN},\overrightarrow{MN}=\overrightarrow{MB}+\overrightarrow{BC}+\overrightarrow{CN},$$

因此

$$2\overrightarrow{MN}=\overrightarrow{AD}+\overrightarrow{BC},\text{即}\overrightarrow{MN}=\frac{1}{2}(\overrightarrow{AD}+\overrightarrow{BC}).$$

你还有其他方法证明吗?

1. 在平行六面体 $ABCD-A_1B_1C_1D_1$ 中,写出分别与向量 $\overrightarrow{AB}$,$\overrightarrow{AD}$,$\overrightarrow{AA_1}$ 相等的向量.

2. 化简:$\frac{1}{2}(\boldsymbol{a}+2\boldsymbol{b}-3\boldsymbol{c})-3(\boldsymbol{a}-2\boldsymbol{b}+\boldsymbol{c})$.

3. 如右图,在三棱柱 $ABC-A_1B_1C_1$ 中,化简下列各式,并在图中标出化简得到的向量:

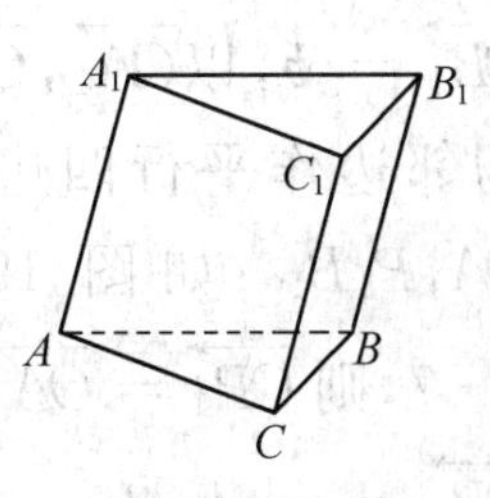

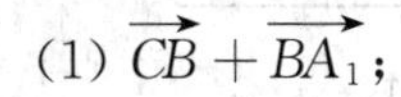

(1) $\overrightarrow{CB}+\overrightarrow{BA_1}$;

(2) $\overrightarrow{AA_1}-\overrightarrow{AC}-\overrightarrow{CB}$.

19.1.2　共面向量定理

如图 19－1－6，在长方体 $ABCD-A_1B_1C_1D_1$ 中，如果将向量$\overrightarrow{A_1D_1}$ 与$\overrightarrow{A_1B_1}$ 平移到平面 $ABCD$ 上，那么$\overrightarrow{A_1D_1}$、$\overrightarrow{A_1B_1}$ 与 $\overrightarrow{AC}$ 就成为同一个平面内的向量，也称它们为共面向量.

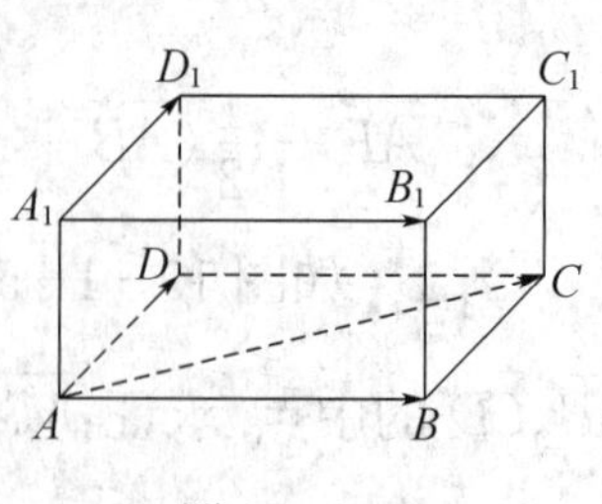

图 19－1－6

一般地，几个空间向量，如果能够通过平移成为同一平面内的向量，称这些向量为**共面向量**.

根据共面向量的定义，空间任意两个向量都是共面向量. 但是，空间任意三个向量就不一定是共面向量，如在图 19－1－6 中，$\overrightarrow{AD}$、$\overrightarrow{AB}$、$\overrightarrow{AA_1}$ 就不是共面向量.

三个空间向量为共面向量的条件是什么呢?

我们知道，当三个空间向量 $\boldsymbol{p}$，$\boldsymbol{a}$，$\boldsymbol{b}$ 共面(其中 $\boldsymbol{a}$，$\boldsymbol{b}$ 不共线)时，可以将它们平移到同一平面内，根据平面向量基本定理，存在实数对(x,y)，使得

$$\boldsymbol{p}=x\boldsymbol{a}+y\boldsymbol{b}.$$

反过来，对于三个空间向量 $\boldsymbol{p}$，$\boldsymbol{a}$，$\boldsymbol{b}$($\boldsymbol{a}$，$\boldsymbol{b}$ 不共线)，如果存在实数对(x,y)，使得

$$\boldsymbol{p}=x\boldsymbol{a}+y\boldsymbol{b},$$

那么，向量 $\boldsymbol{p}$ 与 $\boldsymbol{a}$，$\boldsymbol{b}$ 共面吗?

事实上，在空间任取一点 O，以它为起点，作$\overrightarrow{OA}=\boldsymbol{a}$，$\overrightarrow{OB}=\boldsymbol{b}$，并在直线 OA 上作$\overrightarrow{OA_1}=x\boldsymbol{a}$，在直线 OB 上作$\overrightarrow{OB_1}=y\boldsymbol{b}$，以$\overrightarrow{OA_1}$，$\overrightarrow{OB_1}$ 为邻边作平行四边形 $OA_1P_1B_1$，如图 19－1－7，则 $\overrightarrow{OP_1}=\overrightarrow{OA_1}+\overrightarrow{OB_1}=x\boldsymbol{a}+y\boldsymbol{b}$，

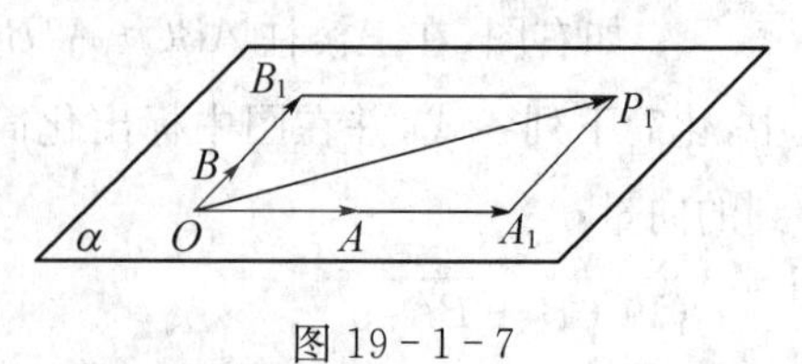

图 19－1－7

即 $\boldsymbol{p}=\overrightarrow{OP_1}$，显然，向量 $\boldsymbol{p}$ 与 $\boldsymbol{a}$，$\boldsymbol{b}$ 共面.

这样，我们得到：

共面向量定理　如果两个向量 $\boldsymbol{a}$，$\boldsymbol{b}$ 不共线，那么向量 $\boldsymbol{p}$ 与 $\boldsymbol{a}$，$\boldsymbol{b}$ 共面的充要条件是存在实数对 (x, y)，使得

$$\boldsymbol{p}=x\boldsymbol{a}+y\boldsymbol{b}.$$

例 3　如图 19-1-8，四棱锥 $P-ABCD$ 的底面是平行四边形，M 是 PC 的中点，求证：

(1) 向量 $\overrightarrow{PA}$，$\overrightarrow{MB}$ 和 $\overrightarrow{MD}$ 共面；

(2) PA // 平面 BMD.

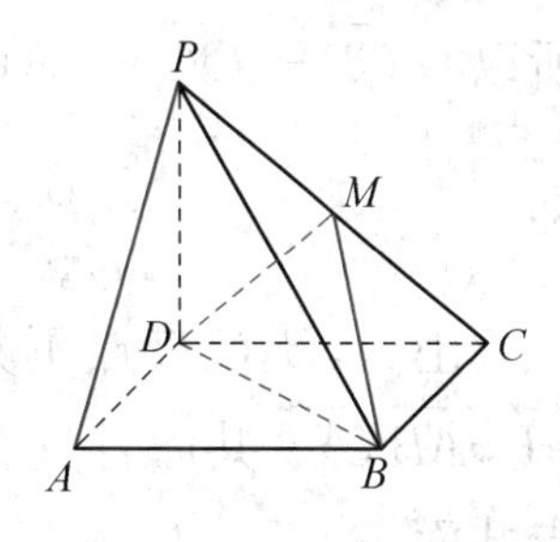

图 19-1-8

证明　(1) 因为 M 是 PC 的中点，所以

$$\overrightarrow{PM}=-\overrightarrow{CM},$$

又因为四边形 $ABCD$ 为平行四边形，所以

$$\overrightarrow{DA}=\overrightarrow{CB},$$

因此

$$\begin{aligned}\overrightarrow{PA}&=\overrightarrow{PM}+\overrightarrow{MD}+\overrightarrow{DA}\\&=\overrightarrow{MD}+\overrightarrow{CB}-\overrightarrow{CM}\\&=\overrightarrow{MD}+\overrightarrow{MB},\end{aligned}$$

因为 $\overrightarrow{MD}$ 与 $\overrightarrow{MB}$ 不共线，根据共面向量定理，可知：$\overrightarrow{PA}$，$\overrightarrow{MD}$，$\overrightarrow{MB}$ 共面.

(2) 由于 $PA\not\subset$ 平面 BMD，所以 PA // 平面 BMD.

例 4　设空间任意一点 O 和不共线的三点 A，B，C，若满足向量关系

$$\overrightarrow{OP}=x\overrightarrow{OA}+y\overrightarrow{OB}+z\overrightarrow{OC}\text{（其中 }x+y+z=1\text{）},$$

试问：P，A，B，C 四点是否共面？

解　由 $x+y+z=1$，可得 $x=1-y-z$，则

$$\begin{aligned}\overrightarrow{OP}&=x\overrightarrow{OA}+y\overrightarrow{OB}+z\overrightarrow{OC}\\&=(1-y-z)\overrightarrow{OA}+y\overrightarrow{OB}+z\overrightarrow{OC}\\&=\overrightarrow{OA}+y(\overrightarrow{OB}-\overrightarrow{OA})+z(\overrightarrow{OC}-\overrightarrow{OA}),\end{aligned}$$

所以 $\overrightarrow{OP}-\overrightarrow{OA}=y(\overrightarrow{OB}-\overrightarrow{OA})+z(\overrightarrow{OC}-\overrightarrow{OA})$，

即 $\overrightarrow{AP}=y\overrightarrow{AB}+z\overrightarrow{AC}$.

由 A，B，C 三点不共线，可知 $\overrightarrow{AB}$ 和 $\overrightarrow{AC}$ 不共线，所以 $\overrightarrow{AP}$，$\overrightarrow{AB}$，$\overrightarrow{AC}$ 共面且具有共同的起点 A，从而 P，A，B，C 四点共面.

1. 在四面体 $ABCD$ 中，点 E，F 分别为 AB，AC 的中点，问：向量 $\overrightarrow{EF}$，$\overrightarrow{CD}$，$\overrightarrow{BD}$ 是否共面？

2. 已知空间向量 $\boldsymbol{p}$，$\boldsymbol{a}$，$\boldsymbol{b}$，$\boldsymbol{c}$，若存在实数对 (x_1, y_1, z_1) 和 (x_2, y_2, z_2)，满足 $\boldsymbol{p}=x_1\boldsymbol{a}+y_1\boldsymbol{b}+z_1\boldsymbol{c}$，$\boldsymbol{p}=x_2\boldsymbol{a}+y_2\boldsymbol{b}+z_2\boldsymbol{c}$，且 $x_1\neq x_2$，求证：向量 $\boldsymbol{a}$，$\boldsymbol{b}$，$\boldsymbol{c}$ 共面.

19.1.3　空间向量的数量积

由于任意两个空间向量都是共面向量，因此，可以像平面向量那样，定义两个空间向量的数量积：

设 $\boldsymbol{a}$，$\boldsymbol{b}$ 是空间两个非零向量，向量 $\boldsymbol{a}$，$\boldsymbol{b}$ 的夹角记为 $\langle\boldsymbol{a},\boldsymbol{b}\rangle$，我们把数量 $|\boldsymbol{a}||\boldsymbol{b}|\cos\langle\boldsymbol{a},\boldsymbol{b}\rangle$ 叫作**向量 $\boldsymbol{a}$，$\boldsymbol{b}$ 的数量积（又叫内积）**，记作 $\boldsymbol{a}\cdot\boldsymbol{b}$，即

$$\boldsymbol{a}\cdot\boldsymbol{b}=|\boldsymbol{a}||\boldsymbol{b}|\cos\langle\boldsymbol{a},\boldsymbol{b}\rangle.$$

并且规定，**零向量与任一向量的数量积为** 0.

显然,空间两个非零向量 $\boldsymbol{a},\boldsymbol{b}$ 的夹角 $\langle\boldsymbol{a},\boldsymbol{b}\rangle$ 可以由

$$\cos\langle\boldsymbol{a},\boldsymbol{b}\rangle=\frac{\boldsymbol{a}\cdot\boldsymbol{b}}{|\boldsymbol{a}||\boldsymbol{b}|}$$

求得.

根据数量积的定义,可以得到 $\boldsymbol{a}\perp\boldsymbol{b}\Leftrightarrow\boldsymbol{a}\cdot\boldsymbol{b}=0$($\boldsymbol{a},\boldsymbol{b}$ 是非零向量);也可以得到 $|\boldsymbol{a}|^2=\boldsymbol{a}\cdot\boldsymbol{a}=\boldsymbol{a}^2$, $|\boldsymbol{a}|=\sqrt{\boldsymbol{a}^2}$.

与平面向量一样,空间向量的数量积也满足如下**运算律**:

(1) $\boldsymbol{a}\cdot\boldsymbol{b}=\boldsymbol{b}\cdot\boldsymbol{a}$;

(2) $(\lambda\boldsymbol{a})\cdot\boldsymbol{b}=\lambda(\boldsymbol{a}\cdot\boldsymbol{b})$ $(\lambda\in\mathbf{R})$;

(3) $\boldsymbol{a}\cdot(\boldsymbol{b}+\boldsymbol{c})=\boldsymbol{a}\cdot\boldsymbol{b}+\boldsymbol{a}\cdot\boldsymbol{c}$.

前面两个运算律其实就是平面向量的运算律. 第三个运算律的证明见19.2.3节.

例 5　在正四面体 $ABCD$ 中,求对边 AB,CD 所成角的大小.

A
B
C
D

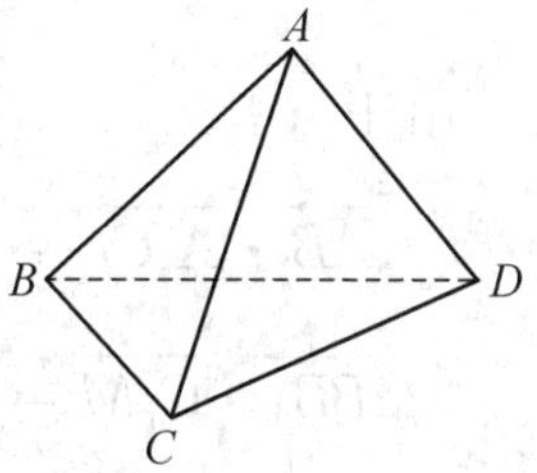

图 19－1－9

解　设正四面体 $ABCD$ 的棱长为 a,由于

$$\langle\overrightarrow{AB},\overrightarrow{BD}\rangle=\frac{2}{3}\pi,$$

$$\langle\overrightarrow{AB},\overrightarrow{CB}\rangle=\frac{\pi}{3},$$

所以

$$\begin{aligned}\overrightarrow{AB}\cdot\overrightarrow{CD}&=\overrightarrow{AB}\cdot(\overrightarrow{CB}+\overrightarrow{BD})\\&=\overrightarrow{AB}\cdot\overrightarrow{CB}+\overrightarrow{AB}\cdot\overrightarrow{BD}\\&=a^2\cos\frac{\pi}{3}+a^2\cos\frac{2\pi}{3}=0,\end{aligned}$$

因此,对边 AB,CD 所成角的大小为 $\frac{\pi}{2}$.

例 6　如图 19－1－10,在直棱柱 $ABC-A_1B_1C_1$ 中,已知 $\angle ACB=90^\circ$, $\angle BAC=30^\circ$, $BC=1$, $AA_1=\sqrt{6}$, M 是棱 CC_1 的中点,求证:$AB_1\perp A_1M$.

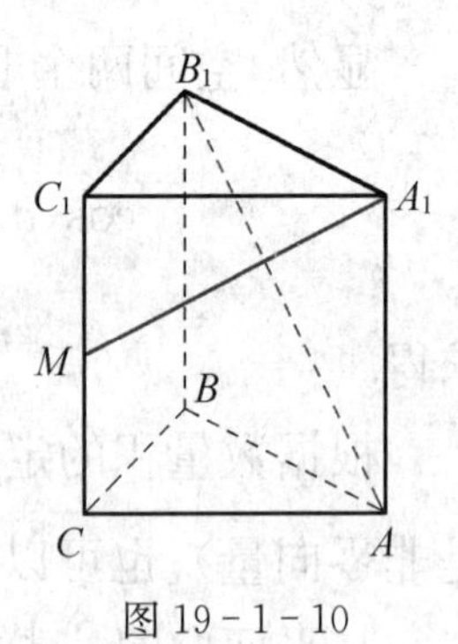

图 19-1-10

证明 由题意可得

$AB \perp C_1M, BB_1 \perp A_1C_1$,

所以

$$\overrightarrow{AB} \cdot \overrightarrow{C_1M} = 0,$$

$$\overrightarrow{BB_1} \cdot \overrightarrow{A_1C_1} = 0.$$

$$\begin{aligned}\overrightarrow{AB_1} \cdot \overrightarrow{A_1M} &= (\overrightarrow{AB} + \overrightarrow{BB_1}) \cdot (\overrightarrow{A_1C_1} + \overrightarrow{C_1M}) \\ &= \overrightarrow{AB} \cdot \overrightarrow{A_1C_1} + \overrightarrow{AB} \cdot \overrightarrow{C_1M} + \overrightarrow{BB_1} \cdot \overrightarrow{A_1C_1} \\ &\quad + \overrightarrow{BB_1} \cdot \overrightarrow{C_1M} \\ &= \overrightarrow{AB} \cdot \overrightarrow{A_1C_1} + \overrightarrow{BB_1} \cdot \overrightarrow{C_1M}.\end{aligned}$$

由于

$$\overrightarrow{AB} \cdot \overrightarrow{A_1C_1} = |\overrightarrow{AB}||\overrightarrow{A_1C_1}|\cos 30^\circ = 3,$$

$$\overrightarrow{BB_1} \cdot \overrightarrow{C_1M} = |\overrightarrow{BB_1}||\overrightarrow{C_1M}|\cos 180^\circ = -3,$$

因此

$$\overrightarrow{AB_1} \cdot \overrightarrow{A_1M} = 0.$$

所以 $AB_1 \perp A_1M$.

例 7 求证:如果一条直线和平面内的两条相交直线都垂直,那么这条直线垂直与这个平面.(**线面垂直判定定理**)

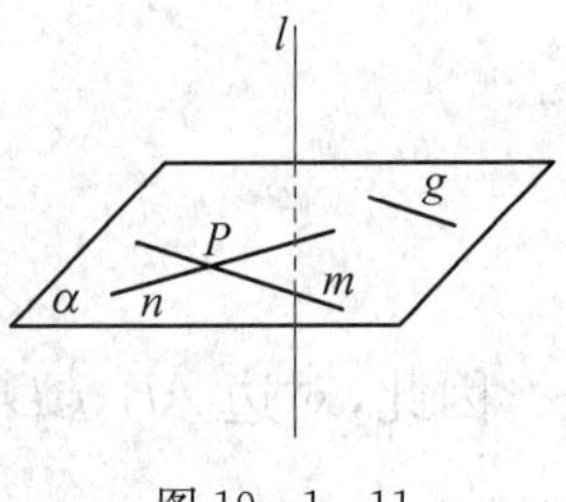

图 19-1-11

已知:如图 19-1-11,$m \subset \alpha, n \subset \alpha, m \cap n = P, l \perp m, l \perp n$,求证:$l \perp \alpha$.

证明 在平面 α 内任意作一条直线 g,在直线 l, m, n, g 上取非零向量 $\boldsymbol{l}, \boldsymbol{m}, \boldsymbol{n}, \boldsymbol{g}$.

因为直线 m 与 n 相交,所以向量 $\boldsymbol{m}$ 与 $\boldsymbol{n}$ 不共线,根据平面向量基本定理,存在唯一有序实数对 (x, y),使得

$$\boldsymbol{g}=x\boldsymbol{m}+y\boldsymbol{n}.$$

因为 $l\perp m$，$l\perp n$，所以 $\boldsymbol{l}\cdot\boldsymbol{m}=0$，$\boldsymbol{l}\cdot\boldsymbol{n}=0$，因此

$$\boldsymbol{l}\cdot\boldsymbol{g}=\boldsymbol{l}\cdot(x\boldsymbol{m}+y\boldsymbol{n})=x\boldsymbol{l}\cdot\boldsymbol{m}+y\boldsymbol{l}\cdot\boldsymbol{n}=0,$$

所以 $l\perp g$，即 $l\perp\alpha$.

1. 已知 $|\boldsymbol{a}|=4$，$|\boldsymbol{b}|=3\sqrt{2}$，$\boldsymbol{a}\cdot\boldsymbol{b}=12$，求 $\boldsymbol{a}$ 与 $\boldsymbol{b}$ 的夹角 $\langle\boldsymbol{a},\boldsymbol{b}\rangle$.

2. 已知向量 $\boldsymbol{a}$，$\boldsymbol{b}$ 满足 $|\boldsymbol{a}|=3$，$|\boldsymbol{b}|=2$，$\langle\boldsymbol{a},\boldsymbol{b}\rangle=\frac{\pi}{3}$，求 $|\boldsymbol{a}+\boldsymbol{b}|$.

3. 设 $\boldsymbol{a}$，$\boldsymbol{b}$，$\boldsymbol{c}$ 是任意三个向量，证明：

$$|\boldsymbol{a}+\boldsymbol{b}+\boldsymbol{c}|^2=|\boldsymbol{a}|^2+|\boldsymbol{b}|^2+|\boldsymbol{c}|^2+2(\boldsymbol{a}\cdot\boldsymbol{b}+\boldsymbol{b}\cdot\boldsymbol{c}+\boldsymbol{c}\cdot\boldsymbol{a}).$$

习题 19.1

1. 如图，在三棱柱 $ABC-A_1B_1C_1$ 中，BC_1 与 B_1C 相交于点 O，试用向量 $\overrightarrow{AB}$，$\overrightarrow{AC}$ 和 $\overrightarrow{AA_1}$ 表示向量 $\overrightarrow{AO}$.

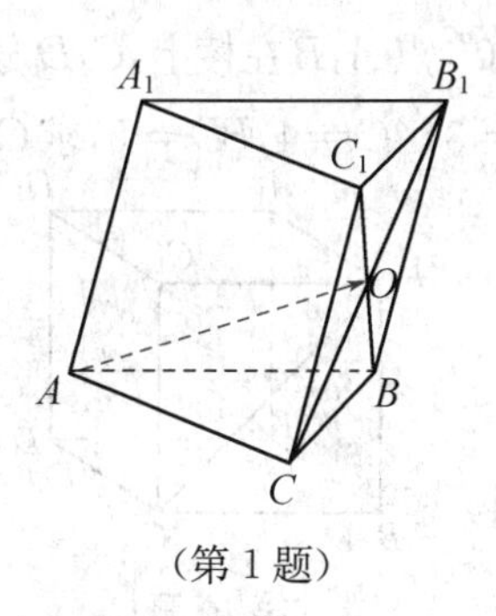

（第 1 题）

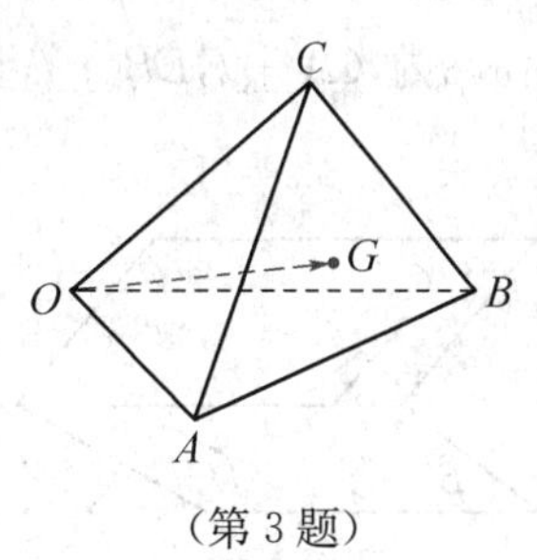

（第 3 题）

2. 在长方体 $ABCD-A_1B_1C_1D_1$ 中，求证：向量 $\overrightarrow{A_1C_1}$，$\overrightarrow{AD}$ 和 $\overrightarrow{AB}$ 共面.

3. 如图，在三棱锥 $O-ABC$ 中，点 G 为 $\triangle ABC$ 的重心，求证：

$$\overrightarrow{OG}=\frac{1}{3}(\overrightarrow{OA}+\overrightarrow{OB}+\overrightarrow{OC}).$$

4. 设 P、Q 分别是棱长为 a 的立方体 $ABCD-A_1B_1C_1D_1$ 的线段 AD_1、BD 的中点.

(1) 求证:PQ // 平面 DCC_1D_1;

(2) 求 PQ 的长;

5. 已知向量 $\boldsymbol{a},\boldsymbol{b}$ 满足 $|\boldsymbol{a}|=2$, $|\boldsymbol{b}|=4$, $\langle\boldsymbol{a},\boldsymbol{b}\rangle=\frac{2\pi}{3}$,求 $|2\boldsymbol{a}+\boldsymbol{b}|$.

6. 在空间四边形 $ABCD$ 中,证明:$AC\perp BD$ 的充要条件是

$$AB^2+CD^2=BC^2+DA^2.$$

7. 设正四面体的棱长为 a,点 E,F,G 分别是 AB,AD,DC 的中点,求:(1) $\overrightarrow{FG}\cdot\overrightarrow{BA}$;(2) $\overrightarrow{GE}\cdot\overrightarrow{GF}$.

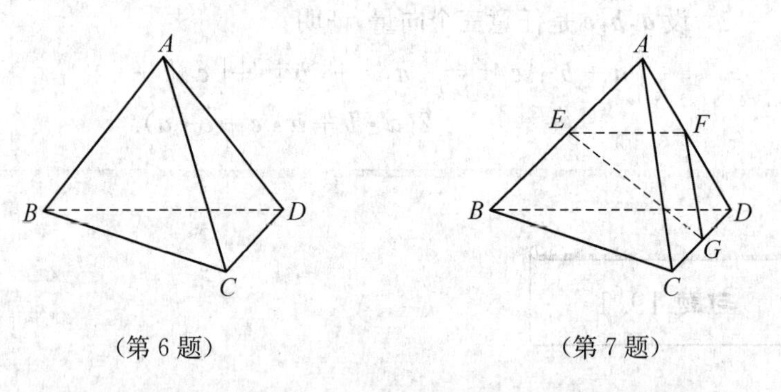

(第 6 题)　　　　(第 7 题)

8. 已知从长方体的同一个顶点引出的三条棱长分别为 a,b,c,求该长方体的对角线长.

9. 已知二面角 $\alpha-l-\beta$ 的大小为 $60°$,点 A,B 在棱上,C,D 分别在半平面 α,β 内,$CA\perp l$,$DB\perp l$,且 $AB=3$,$AC=4$,$BD=5$,求 CD 长.

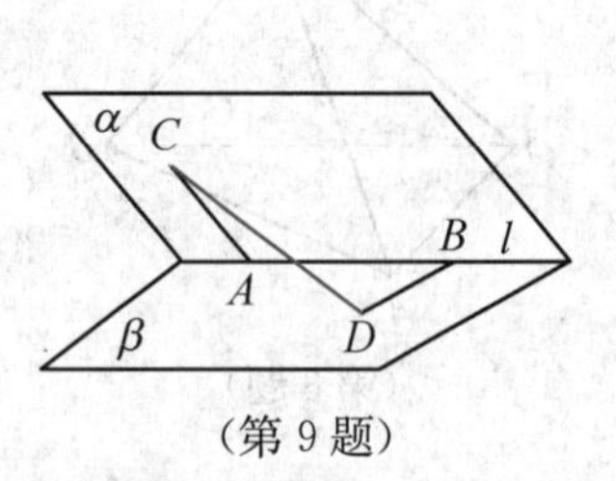

(第 9 题)

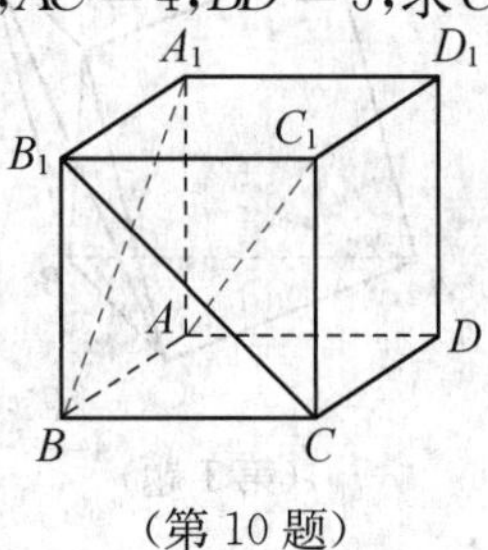

(第 10 题)

10. 在立方体 $ABCD-A_1B_1C_1D_1$ 中,

(1) 求 A_1B 与 B_1C 所成角的大小;

(2) 证明:$A_1B\perp AC_1$.

19.2　空间向量的坐标表示

借助平面直角坐标系，我们可以用坐标来表示平面上的点或向量. 为了用坐标来表示空间的点或向量，需要引入空间直角坐标系.

19.2.1　空间直角坐标系

如图 19－2－1，从空间的某一定点 O 引三条互相垂直且有相同单位长度的数轴，这样就建立了**空间直角坐标系** $O-xyz$. 点 O 叫作**坐标原点**，x 轴、y 轴和 z 轴叫作**坐标轴**，这三条坐标轴中每两条确定一个坐标平面，分别称为 xOy 平面、yOz 平面和 zOx 平面.

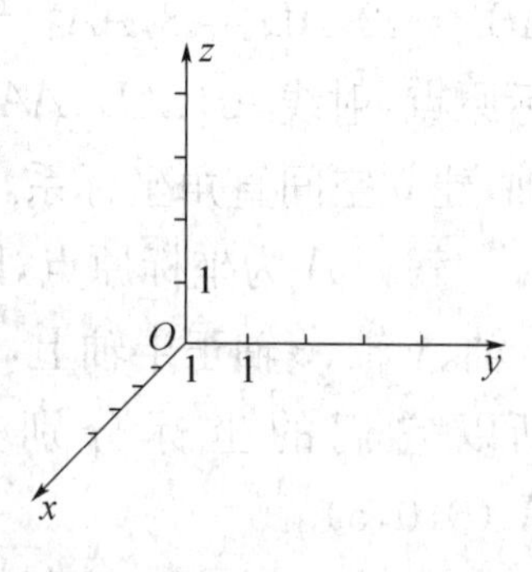

图 19－2－1

在空间直角坐标系中，让右手拇指指向 x 轴的正方向，食指指向 y 轴的正方向，若中指指向 z 轴的正方向，则称这个坐标系为**右手直角坐标系**. 本章建立的坐标系都是右手直角坐标系.

通常，将空间直角坐标系画在纸上时，x 轴与 y 轴、x 轴与 z 轴均成 $135°$，而 z 轴垂直于 y 轴(斜二侧画法). y 轴和 z 轴的单位长度相同，x 轴上的单位长度为 y 轴(或 z 轴)的单位长度的一半，这样，三条轴上的单位长度在直观上大体相等(图 19－2－1).

对于空间任意一点 A，作点 A 在三个坐标轴上的射影，即经过点 A 作三个平面分别垂直于 x 轴、y 轴和 z 轴，它们与 x 轴、y 轴和 z 轴分别交于点 P,Q,R，点 P,Q,R 在相应数轴上的坐标依次为 x,y,z，我们把有序实数对(x,y,z)叫作**点 A 的坐标**(图 19－2－2)，记为 $A(x,y,z)$.

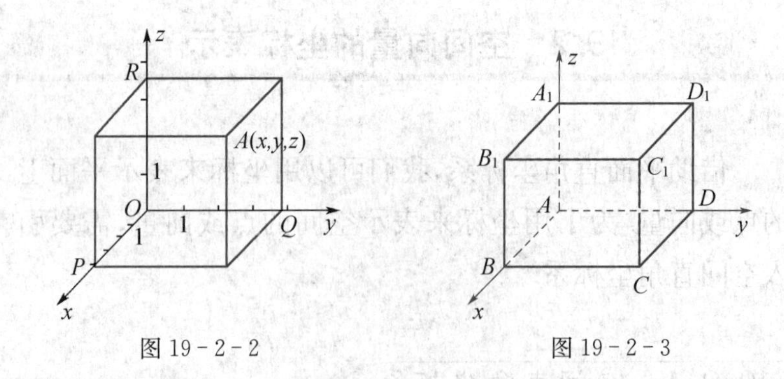

图 19-2-2　　　　图 19-2-3

例 1　如图 19-2-3,在长方体 $ABCD-A_1B_1C_1D_1$ 中,$AB=12$,$AD=8$,$AA_1=5$. 以这个长方体的顶点 A 为坐标原点,射线 AB、AD、AA_1 分别为 x 轴、y 轴和 z 轴的正半轴,建立空间直角坐标系,求长方体各个顶点的坐标.

解　A 为坐标原点,即 $A(0,0,0)$,点 B,D,A_1 分别在 x 轴、y 轴、z 轴正半轴上,且 $AB=12$,$AD=8$,$AA_1=5$,所以它们的坐标分别是 $B(12,0,0)$,$D(0,8,0)$,$A_1(0,0,5)$.

点 C_1 在三条正半轴上的射影分别是点 B,D,A_1,故点 C_1 的坐标为 $C_1(12,8,5)$.

类似地,可得 C、B_1、D_1 的坐标分别是 $C(12,8,0)$,$B_1(12,0,5)$,$D_1(0,8,5)$.

1. 在空间直角坐标系中,x 轴上的点,xOy 平面内的点的坐标各具有什么特点?

2. 以单位立方体 $ABCD-A_1B_1C_1D_1$ 的顶点 A 为坐标原点,射线 AB,AD,AA_1 分别为 x 轴、y 轴和 z 轴的正半轴,建立空间直角坐标系,求该立方体各个顶点的坐标.

19.2.2　空间向量基本定理

我们知道,在同一平面内,任一向量 $\boldsymbol{p}$ 都可以用两个

不共线的向量 $\boldsymbol{a}$，$\boldsymbol{b}$ 线性表示. 那么，对于空间的任一向量，又可以用怎样的向量表示呢？

空间向量基本定理　如果三个向量 $\boldsymbol{e}_1, \boldsymbol{e}_2, \boldsymbol{e}_3$ 不共面，那么对空间任一向量 $\boldsymbol{p}$，存在唯一的有序实数对 (x, y, z)，使

$$\boldsymbol{p}=x\boldsymbol{e}_1+y\boldsymbol{e}_2+z\boldsymbol{e}_3.$$

证明　如图 19－2－4，设三个向量 $\boldsymbol{e}_1, \boldsymbol{e}_2, \boldsymbol{e}_3$ 不共面，过空间一点 O 作

$$\overrightarrow{OA}=\boldsymbol{e}_1, \overrightarrow{OB}=\boldsymbol{e}_2,$$

$$\overrightarrow{OC}=\boldsymbol{e}_3, \overrightarrow{OP}=\boldsymbol{p}.$$

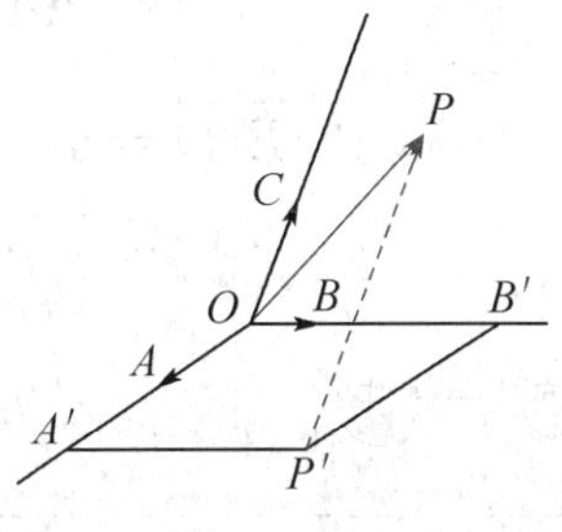

图 19－2－4

过点 P 作直线 $PP' \parallel OC$，交平面 OAB 于点 P'；在平面 OAB 内，过点 P' 作直线 $P'A' \parallel OB$，$P'B' \parallel OA$，分别交直线 OA，OB 于点 A'，B'，根据向量共线定理，存在唯一实数 x, y, z，使

$$\overrightarrow{OA'}=x\overrightarrow{OA}, \overrightarrow{A'P'}=y\overrightarrow{OB}, \overrightarrow{P'P}=z\overrightarrow{OC}.$$

空间向量基本定理与平面向量基本定理的区别与联系是什么？

所以

$$\begin{aligned}\overrightarrow{OP}&=\overrightarrow{OA'}+\overrightarrow{A'P'}+\overrightarrow{P'P}\\&=x\overrightarrow{OA}+y\overrightarrow{OB}+z\overrightarrow{OC}.\end{aligned}$$

故 $\boldsymbol{p}=x\boldsymbol{e}_1+y\boldsymbol{e}_2+z\boldsymbol{e}_3$.

空间向量基本定理告诉我们：空间的每个向量都可以由不共面的三个向量 $\boldsymbol{e}_1, \boldsymbol{e}_2, \boldsymbol{e}_3$ 线性表示.

例 2　如图 19－2－5，在立方体 $ABCD-A_1B_1C_1D_1$ 中，点 E 是上底面 $A_1B_1C_1D_1$ 的中心，试用 $\overrightarrow{AB}$，$\overrightarrow{AD}$，$\overrightarrow{AA_1}$ 表示向量 $\overrightarrow{AE}$ 和 $\overrightarrow{B_1D}$.

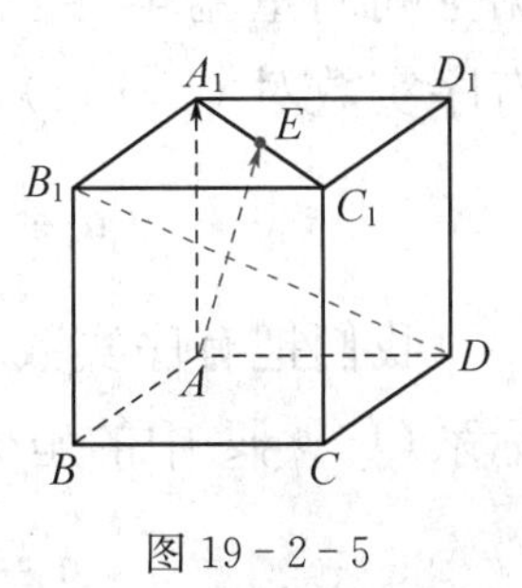

图 19－2－5

解　连接 AC_1，则

$$\overrightarrow{AE}=\overrightarrow{AA_1}+\overrightarrow{A_1E}$$

$$= \overrightarrow{AA_1} + \frac{1}{2}\overrightarrow{A_1C_1}$$

$$= \overrightarrow{AA_1} + \frac{1}{2}(\overrightarrow{A_1B_1} + \overrightarrow{A_1D_1})$$

$$= \overrightarrow{AA_1} + \frac{1}{2}(\overrightarrow{AB} + \overrightarrow{AD})$$

$$= \overrightarrow{AA_1} + \frac{1}{2}\overrightarrow{AB} + \frac{1}{2}\overrightarrow{AD}.$$

$$\overrightarrow{B_1D} = \overrightarrow{B_1A_1} + \overrightarrow{A_1D_1} + \overrightarrow{D_1D}$$

$$= -\overrightarrow{AB} + \overrightarrow{AD} - \overrightarrow{AA_1}.$$

1. 已知点 M,N 分别是空间四边形 $OABC$ 中 OA,BC 的中点,试用向量 $\overrightarrow{OA}$,$\overrightarrow{OB}$,$\overrightarrow{OC}$ 表示向量$\overrightarrow{MN}$.

2. 在平行六面体 $ABCD$-$A_1B_1C_1D_1$ 中,BC_1 与 CB_1 相交于点 G 点,试用向量$\overrightarrow{DA}$、$\overrightarrow{DC}$、$\overrightarrow{DD_1}$ 表示向量$\overrightarrow{CA_1}$ 和$\overrightarrow{DG}$.

19.2.3 空间向量运算的坐标公式

如图 19-2-6,在空间直角坐标系 O-xyz 中,$\boldsymbol{i}$,$\boldsymbol{j}$,$\boldsymbol{k}$ 分别是与 x 轴,y 轴,z 轴同向的单位向量,根据空间向量基本定理,存在唯一的有序实数对 (x,y,z),使

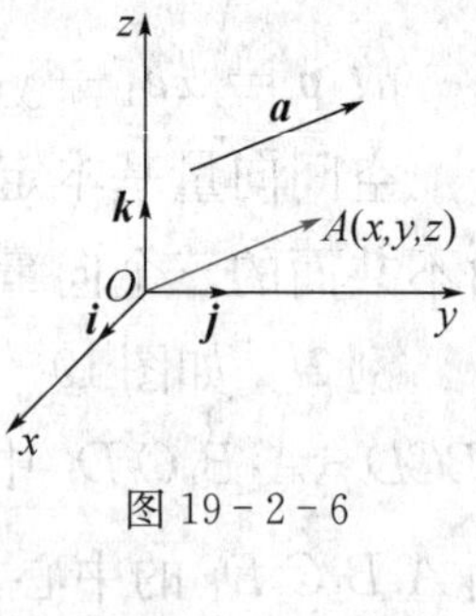

$$\boldsymbol{a} = x\boldsymbol{i} + y\boldsymbol{j} + z\boldsymbol{k}.$$

图 19-2-6

我们把有序实数对(x,y,z)叫作向量 $\boldsymbol{a}$ 在空间直角坐标系 O-xyz 中的坐标,记作

$$\boldsymbol{a} = (x,y,z).$$

在空间直角坐标系 O-xyz 中,对于空间任意一点

$A(x,y,z)$，容易得到

$$\overrightarrow{OA}=x\boldsymbol{i}+y\boldsymbol{j}+z\boldsymbol{k}.$$

因此，向量$\overrightarrow{OA}$的坐标为

$$\overrightarrow{OA}=(x,y,z).$$

这就是说，**当空间向量 $\boldsymbol{a}$ 的起点移到坐标原点时，其终点的坐标就是向量 $\boldsymbol{a}$ 的坐标.**

与平面向量类似，我们可以得到空间向量运算的坐标公式.

设 $\boldsymbol{a}=(x_1,y_1,z_1)$，$\boldsymbol{b}=(x_2,y_2,z_2)$，则

$$\boldsymbol{a}+\boldsymbol{b}=(x_1+x_2,y_1+y_2,z_1+z_2),$$

$$\boldsymbol{a}-\boldsymbol{b}=(x_1-x_2,y_1-y_2,z_1-z_2),$$

$$\lambda\boldsymbol{a}=(\lambda x_1,\lambda y_1,\lambda z_1),\lambda\in\mathbf{R},$$

$$\boldsymbol{a}\cdot\boldsymbol{b}=x_1x_2+y_1y_2+z_1z_2.$$

下面我们只对空间向量的数量积的坐标公式进行证明，其余由同学自己完成.

因为 $\boldsymbol{a}=(x_1,y_1,z_1)$，$\boldsymbol{b}=(x_2,y_2,z_2)$，所以

$$\boldsymbol{a}=x_1\boldsymbol{i}+y_1\boldsymbol{j}+z_1\boldsymbol{k},$$

$$\boldsymbol{b}=x_2\boldsymbol{i}+y_2\boldsymbol{j}+z_2\boldsymbol{k}.$$

因此

$$\begin{aligned}\boldsymbol{a}\cdot\boldsymbol{b}&=(x_1\boldsymbol{i}+y_1\boldsymbol{j}+z_1\boldsymbol{k})\cdot(x_2\boldsymbol{i}+y_2\boldsymbol{j}+z_2\boldsymbol{k})\\&=x_1x_2\boldsymbol{i}^2+y_1y_2\boldsymbol{j}^2+z_1z_2\boldsymbol{k}^2+x_1y_2\boldsymbol{i}\cdot\boldsymbol{j}\\&\quad+x_1z_2\boldsymbol{i}\cdot\boldsymbol{k}+y_1x_2\boldsymbol{j}\cdot\boldsymbol{i}+y_1z_2\boldsymbol{j}\cdot\boldsymbol{k}\\&\quad+z_1x_2\boldsymbol{k}\cdot\boldsymbol{i}+z_1y_2\boldsymbol{k}\cdot\boldsymbol{j}\\&=x_1x_2+y_1y_2+z_1z_2.\end{aligned}$$

$\boldsymbol{i}^2=\boldsymbol{j}^2=\boldsymbol{k}^2=1$

$\boldsymbol{i}\cdot\boldsymbol{j}=\boldsymbol{j}\cdot\boldsymbol{k}=\boldsymbol{k}\cdot\boldsymbol{i}=0$

显然，$\boldsymbol{a}\perp\boldsymbol{b}\Leftrightarrow x_1x_2+y_1y_2+z_1z_2=0$.

如何根据向量的坐标判断空间两个向量垂直?

利用空间向量数量积的坐标公式，容易得到以下结论：

(1) **若** $\boldsymbol{a}=(x,y,z)$**,则** $|\boldsymbol{a}|=\sqrt{\boldsymbol{a}^2}=\sqrt{x^2+y^2+z^2}$**;**

(2) **两个非零向量** $\boldsymbol{a}=(x_1,y_1,z_1)$**,**$\boldsymbol{b}=(x_2,y_2,z_2)$ **的夹角**$\langle\boldsymbol{a},\boldsymbol{b}\rangle$ **的余弦值为**

$$\cos\langle\boldsymbol{a},\boldsymbol{b}\rangle=\frac{\boldsymbol{a}\cdot\boldsymbol{b}}{|\boldsymbol{a}||\boldsymbol{b}|}=\frac{x_1x_2+y_1y_2+z_1z_2}{\sqrt{x_1^2+y_1^2+z_1^2}\sqrt{x_2^2+y_2^2+z_2^2}}.$$

例 3　证明:$\boldsymbol{a}\cdot(\boldsymbol{b}+\boldsymbol{c})=\boldsymbol{a}\cdot\boldsymbol{b}+\boldsymbol{a}\cdot\boldsymbol{c}$.

证明　设 $\boldsymbol{a}=(x_1,y_1,z_1)$,$\boldsymbol{b}=(x_2,y_2,z_2)$,$\boldsymbol{c}=(x_3,y_3,z_3)$,则

$$\begin{aligned}\boldsymbol{a}\cdot(\boldsymbol{b}+\boldsymbol{c})&=(x_1,y_1,z_1)\cdot[(x_2,y_2,z_2)+(x_3,y_3,z_3)]\\&=(x_1,y_1,z_1)\cdot(x_2+x_3,y_2+y_3,z_2+z_3)\\&=x_1(x_2+x_3)+y_1(y_2+y_3)+z_1(z_2+z_3)\\&=(x_1x_2+y_1y_2+z_1z_2)+(x_1x_3+y_1y_3+z_1z_3)\\&=\boldsymbol{a}\cdot\boldsymbol{b}+\boldsymbol{a}\cdot\boldsymbol{c}\end{aligned}$$

即　$\boldsymbol{a}\cdot(\boldsymbol{b}+\boldsymbol{c})=\boldsymbol{a}\cdot\boldsymbol{b}+\boldsymbol{a}\cdot\boldsymbol{c}$成立.

例 4　在空间直角坐标系中,设 $A(2,1,3)$,$B(6,-1,5)$.

(1) 求向量$\overrightarrow{AB}$的坐标;

(2) 求 A、B 两点之间的距离;

(3) 求线段 AB 中点 M 的坐标.

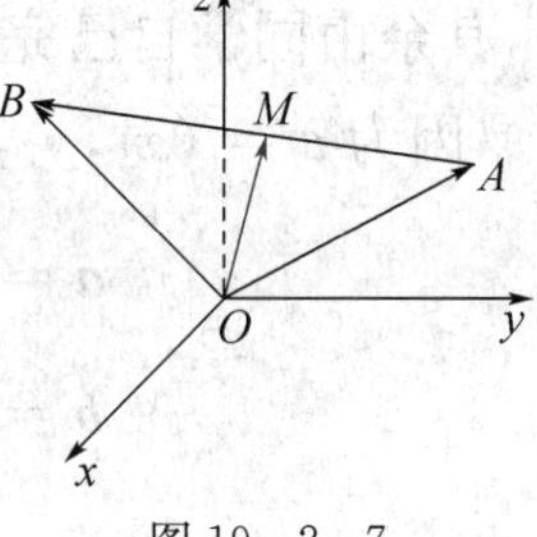

图 19-2-7

解　(1) 因为 $A(2,1,3)$,$B(6,-1,5)$,所以

$$\overrightarrow{OA}=(2,1,3),\overrightarrow{OB}=(6,-1,5)$$

因此$\overrightarrow{AB}=\overrightarrow{OB}-\overrightarrow{OA}=(6-2,-1-1,5-3)$
$=(4,-2,2)$.

(2) $|AB|=|\overrightarrow{AB}|=\sqrt{(6-2)^2+(-1-1)^2+(5-3)^2}$
$=2\sqrt{6}$.

(3) 因为点 M 是线段 AB 的中点,所以

$$\overrightarrow{OM}=\frac{1}{2}(\overrightarrow{OA}+\overrightarrow{OB}),$$

因此$\overrightarrow{OM}=\frac{1}{2}(2+6,1-1,3+5)=(4,0,4)$,

即 $M(4,0,4)$.

一般地,有如下结论,请同学们自己证明:

(1) **一个空间向量的坐标等于它的终点坐标减去对应的起点坐标.**

(2) **空间两点 $A(x_1,y_1,z_1)$,$B(x_2,y_2,z_2)$ 间的距离为**

$$|AB|=\sqrt{(x_2-x_1)^2+(y_2-y_1)^2+(z_2-z_1)^2}.$$

(3) **线段的中点坐标等于线段两端点坐标的平均值.**

例5　如图 19-2-8,在立方体 $ABCD-A_1B_1C_1D_1$ 中,点 M、N 分别是 AD、A_1B_1 的中点,求证:DN 与 CM 垂直.

证明　设立方体 $ABCD-A_1B_1C_1D_1$ 的棱长为1,建立如图所示直角坐标系,则

$D(0,0,0)$,$A(1,0,0)$,$C(0,1,0)$,$A_1(1,0,1)$,$B_1(1,1,1)$.

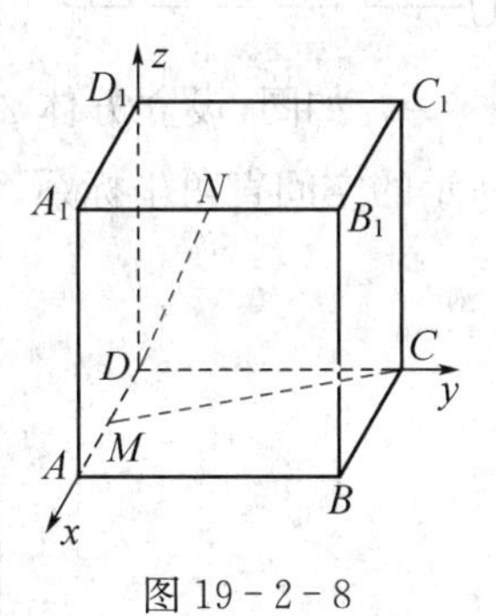

图 19-2-8

所以

$$M\left(\frac{1}{2},0,0\right),N\left(1,\frac{1}{2},1\right),$$

从而

$$\overrightarrow{DN}=\left(1,\frac{1}{2},1\right),$$

$$\overrightarrow{CM}=\left(\frac{1}{2},-1,0\right).$$

因此

$$\overrightarrow{DN}\cdot\overrightarrow{CM}$$

$$=\left(1,\frac{1}{2},1\right)\cdot\left(\frac{1}{2},-1,0\right)$$

$$=1\times\frac{1}{2}+\frac{1}{2}\times(-1)+1\times0=0.$$

所以 DN 与 CM 垂直.

1. 已知向量 $\boldsymbol{a}=(1,-3,8)$，$\boldsymbol{b}=(3,10,-4)$，求向量 $\boldsymbol{a}-\boldsymbol{b}$，$3\boldsymbol{a}$，$\boldsymbol{a}\cdot\boldsymbol{b}$.

2. 已知点 $A(3,8,-5)$，$B(-2,0,8)$，求向量$\overrightarrow{AB}$、$\overrightarrow{BA}$ 的坐标，以及线段 AB 的中点坐标.

3. 判定下列各题中两个向量是否平行，是否垂直？

(1) $\boldsymbol{a}=(1,3,-2)$，$\boldsymbol{b}=(-2,-6,4)$；

(2) $\boldsymbol{a}=(1,3,7)$，$\boldsymbol{b}=(3,-1,0)$.

4. 请建立合适的空间直角坐标系，完成 19.1.3 节中的例 6，并比较这种方法与前面的方法各有什么特点？

习题 19.2

1. 如图，设立方体 $ABCD\text{-}A_1B_1C_1D_1$ 的棱长为 2，建立如图所示的空间直角坐标系，请写出立方体各顶点的坐标.

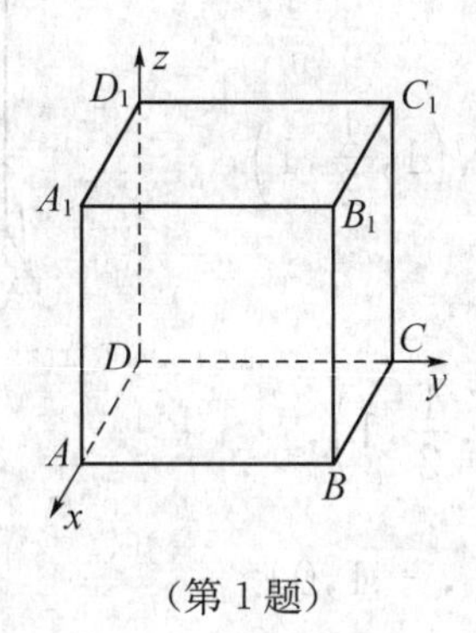

（第 1 题）

2. 在空间四边形 $OABC$ 中，已知 E 是线段 BC 的中点，G 在 AE 上，且 $AG=2GE$，试用向量$\overrightarrow{OA}$，$\overrightarrow{OB}$，$\overrightarrow{OC}$ 表示向量$\overrightarrow{OG}$.

3. 已知向量 $\boldsymbol{a}=(x,1,2)$ 与 $\boldsymbol{b}=(3,4,x)$ 垂直，求 x 的值.

4. 设 $\boldsymbol{a}=(2,2m-3,n+2)$，$\boldsymbol{b}=(4,2m+1,3n-2)$，且 $\boldsymbol{a}\parallel\boldsymbol{b}$，求实数 m 和 n 的值.

5. 求与 $\boldsymbol{a}=(1,1,1)$ 共线的单位向量.

6. 已知向量 $\boldsymbol{a}=(-3,2,5)$，$\boldsymbol{b}=(1,-3,0)$，$\boldsymbol{c}=(7,-2,1)$. 求：

(1) $\boldsymbol{a}+\boldsymbol{b}+\boldsymbol{c}$；(2) $2\boldsymbol{a}-3\boldsymbol{b}+\boldsymbol{c}$；(3) $(\boldsymbol{a}+\boldsymbol{b})\cdot\boldsymbol{c}$；(4) $|\boldsymbol{a}-\boldsymbol{b}+\boldsymbol{c}|$.

7. 求下列各组两个向量的夹角的余弦值.

(1) $\boldsymbol{a}=(3,-5,1)$，$\boldsymbol{b}=(3,2,0)$；

(2) $\boldsymbol{a}=(-1,3,-5)$，$\boldsymbol{b}=(3,12,1)$.

8. 已知非零向量 $\boldsymbol{a}=(x_0,y_0,z_0)$，分别求 $\boldsymbol{a}$ 与 x 轴，y 轴，z 轴的正向所成夹角的余弦.

9. 已知 $\boldsymbol{a}=(0,1,1)$，$\boldsymbol{b}=(1,0,1)$，求同时与向量 $\boldsymbol{a}$，$\boldsymbol{b}$ 垂直的单位向量.

10. 已知空间四点 $A(-2,3,1)$，$B(2,-5,3)$，$C(10,0,10)$ 和 $D(8,4,9)$，求证：四边形 $ABCD$ 是梯形.

11. 如图，在四棱锥 $P-ABCD$ 中，$PD\perp$ 底面 $ABCD$，底面 $ABCD$ 为正方形，E、F 分别为 AB、PB 的中点，求证：$EF\perp CD$.

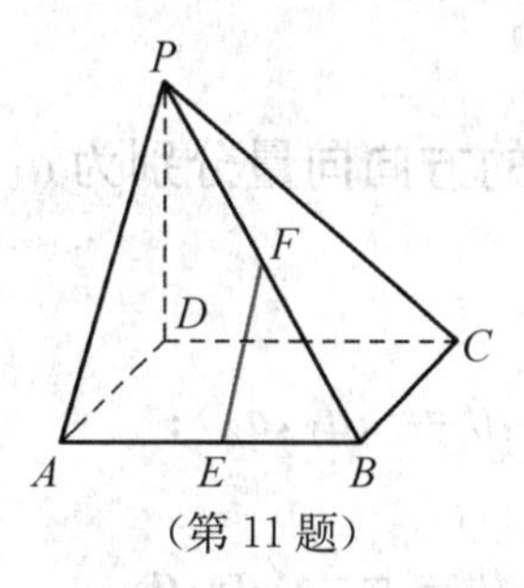

（第 11 题）

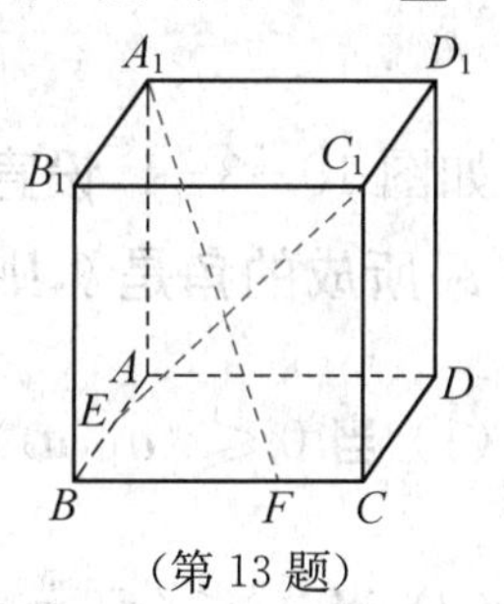

（第 13 题）

12. 在三棱锥 $O-ABC$ 中，已知三条侧棱 OA，OB，OC 两两相互垂直，求证：底面 $\triangle ABC$ 是锐角三角形.

13. 如图，在立方体 $ABCD-A_1B_1C_1D_1$ 中，E、F 分别是棱 AB、BC 上的动点，且 $AE=BF$，求证：$A_1F\perp C_1E$.

19.3　空间向量在立体几何中的应用

空间向量的应用非常广泛，下面举例介绍空间向量在立体几何中的应用.

19.3.1　空间线线问题应用举例

空间两直线所成角的大小主要是由它们的方向确定

的.为了用向量方法来研究空间两直线所成角的问题,我们引入直线的方向向量概念.

设 A,B 是直线 l 上两点,则向量 $\overrightarrow{AB}$ 以及与向量$\overrightarrow{AB}$共线的非零向量叫作**直线 l 的方向向量**.

两直线所成角的大小与它们方向向量所成角的大小相等吗?

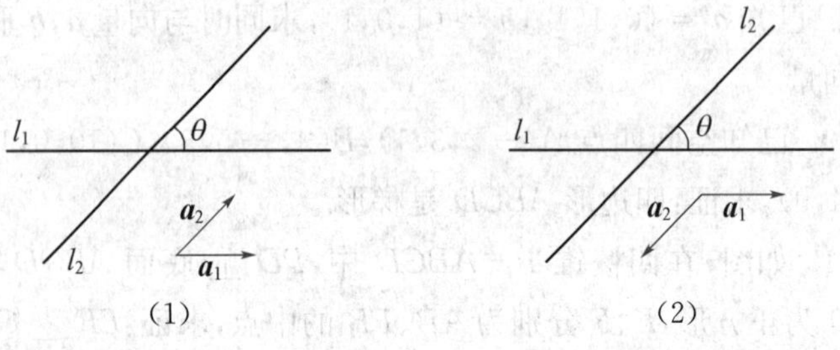

图 19-3-1

如图 19-3-1,**设直线 l_1、l_2 的方向向量分别为 a_1、a_2,l_2 与 l_2 所成的角是 θ**,则

(1) **当** $0 \leqslant \langle a_1, a_2 \rangle \leqslant \frac{\pi}{2}$ **时**,$\theta = \langle a_1, a_2 \rangle$;

(2) **当** $\frac{\pi}{2} < \langle a_1, a_2 \rangle \leqslant \pi$ **时**,$\theta = \pi - \langle a_1, a_2 \rangle$.

因此,两条直线所成的角与它们的方向向量的夹角相等或互补.

特别地,两条直线垂直与其对应方向向量垂直是等价的.

例 1 如图 19-3-2,已知 PA 是平面 α 的一条斜线段,$PB \perp \alpha$,垂足为 B,直线 $n \subset \alpha$,$n \perp AB$,求证:$n \perp PA$. **证明** 设直线 n 的方向向量为 a,则 $\overrightarrow{AB} \perp a$,即$\overrightarrow{AB} \cdot a = 0$.

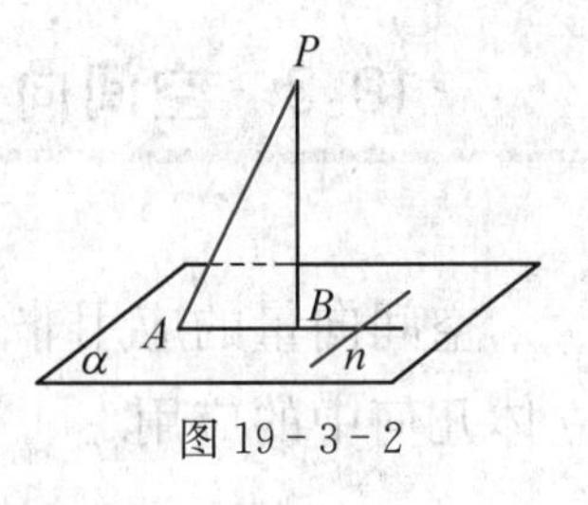

图 19-3-2

因为$PB \perp \alpha$,直线$n \subset \alpha$,所以$PB \perp n$,即 $\overrightarrow{PB} \cdot a = 0$.

所以 $\overrightarrow{AP} \cdot a = (\overrightarrow{AB} + \overrightarrow{BP}) \cdot a$

$$=\overrightarrow{AB}\cdot \boldsymbol{a}+\overrightarrow{BP}\cdot \boldsymbol{a}$$

$$=0,$$

因此，$\overrightarrow{AP}\perp \boldsymbol{a}$，从而 $AP\perp n$.

例 2　在立方体 $ABCD-A_1B_1C_1D_1$ 中，E，F 分别为 B_1C_1 和 C_1D_1 的中点，求 AD_1 与 EF 所成角的大小.

解　如图 19-3-3，以 A 为原点，AB，AD，AA_1 分别为 x 轴，y 轴，z 轴，建立空间直角坐标系.

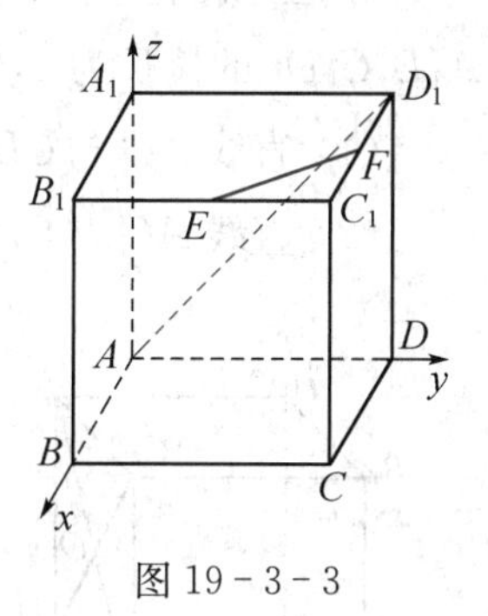

图 19-3-3

设立方体的棱长为 a，则 $A(0,0,0)$，$D_1(0,a,a)$，$B_1(a,0,a)$，$C_1(a,a,a)$.

因为 E，F 分别为 B_1C_1 和 C_1D_1 的中点，所以 $E\left(a,\frac{a}{2},a\right)$，$F\left(\frac{a}{2},a,a\right)$.

因此 $\overrightarrow{AD_1}=(0,a,a)$，$\overrightarrow{EF}=\left(-\frac{a}{2},\frac{a}{2},0\right)$，从而向量 $\overrightarrow{AD_1}$，$\overrightarrow{EF}$ 的夹角余弦为

$$\cos\langle\overrightarrow{AD_1},\overrightarrow{EF}\rangle=\frac{\overrightarrow{AD_1}\cdot\overrightarrow{EF}}{|\overrightarrow{AD_1}||\overrightarrow{EF}|}$$

$$=\frac{0\times\left(-\frac{a}{2}\right)+a\times\frac{a}{2}+a\times 0}{\sqrt{0^2+a^2+a^2}\times\sqrt{\left(-\frac{a}{2}\right)^2+\left(\frac{a}{2}\right)^2+0^2}}$$

$$=\frac{1}{2},$$

你还有其他方法吗？

故向量 $\overrightarrow{AD_1}$，$\overrightarrow{EF}$ 的夹角为 60°，即直线 AD_1 与 EF 所成的角为 60°.

1. 证明:在平面内的一条直线,如果它和这个平面的一条斜线垂直,那么它也和这条斜线在这个平面上的射影垂直.

2. 在立方体 $ABCD-A_1B_1C_1D_1$ 中,求证:$A_1B\perp AC_1$.

3. 在如图所示的直角坐标系中,已知立方体 $ABCD-A_1B_1C_1D_1$ 的棱长为1,CD_1 和 DC_1 相交于点 O,求:

(1) 直线 AO 与 CD_1 的方向向量;

(2) 直线 AO 与 CD_1 所成角的大小.

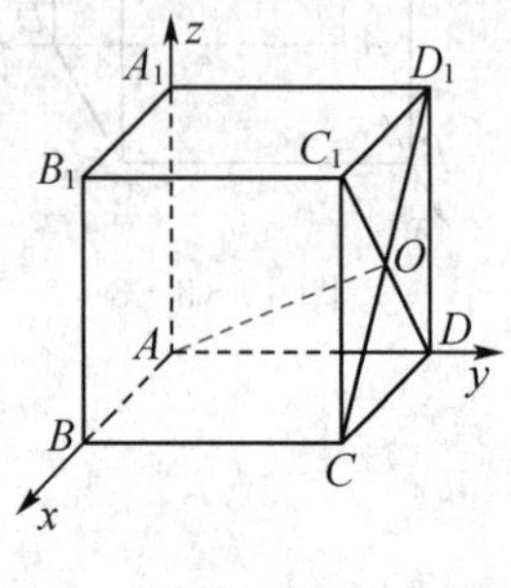

(第3题)

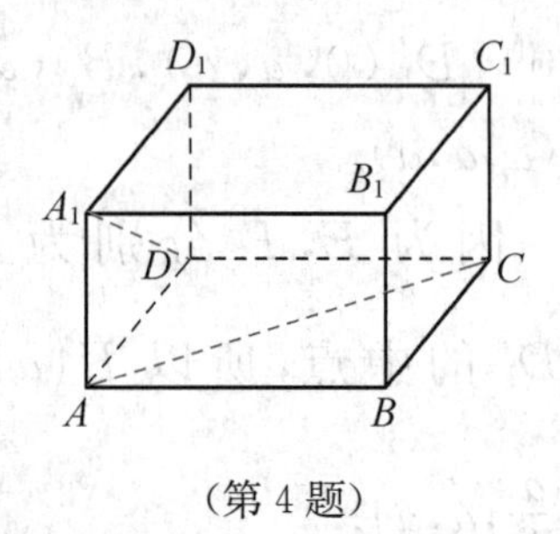

(第4题)

4. 在长方体 $ABCD-A_1B_1C_1D_1$ 中,$AB=5,AD=4$,$AA_1=3$,求异面直线 DA_1 与 AC 所成角的余弦值.

19.3.2 空间线面、面面问题应用举例

为了用向量方法来研究直线和平面、平面和平面的位置关系,我们引入平面的法向量概念.

如图19-3-4,若有向线段 AB 所在的直线与平面 α 垂直,称向量 $\overrightarrow{AB}$ 以及与向量 $\overrightarrow{AB}$ 共线的非零向量叫作**平面 α 的法向量**.

> 你能求对角面 ACC_1A_1 的法向量吗?为什么?

例如,在立方体 $ABCD-A_1B_1C_1D_1$(图19-3-5)中,$\overrightarrow{AA_1}$ 是平面 $ABCD$ 的法向量,$\overrightarrow{BC}$ 是平面 CDD_1C_1 的法向量.

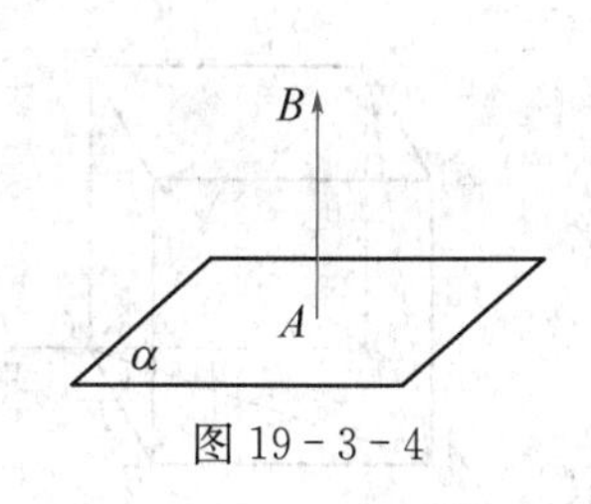

图 19-3-4

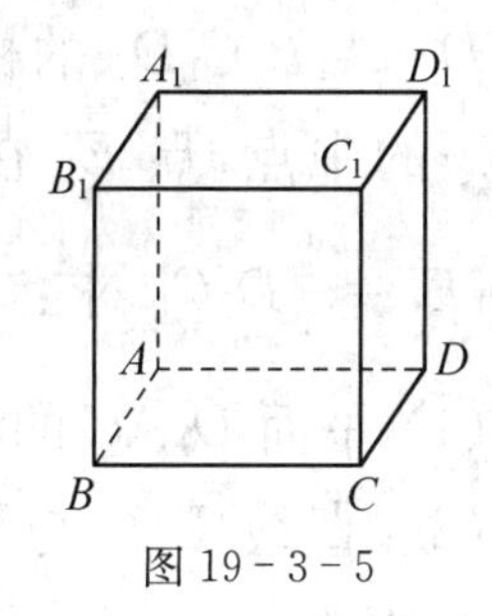

图 19-3-5

设平面 α 的法向量为 $\boldsymbol{n}$，直线 l 的方向向量为 $\boldsymbol{a}$，l 与平面 α 所成的角为 θ，那么 θ 与 $\langle \boldsymbol{n},\boldsymbol{a}\rangle$ 的关系如何呢？

(1) 当 $l /\!/ \alpha$ 或 $l \subset \alpha$ 时，$\langle \boldsymbol{n},\boldsymbol{a}\rangle=\frac{\pi}{2}$，$\theta=0$；

(2) 当 $l \perp \alpha$ 时，$\langle \boldsymbol{n},\boldsymbol{a}\rangle=0$ 或 π，$\theta=\frac{\pi}{2}$；

(3) 当直线 l 与平面 α 斜交时(图 19-3-6)，若 $\langle \boldsymbol{n},\boldsymbol{a}\rangle$ 为锐角，则 $\theta=\frac{\pi}{2}-\langle \boldsymbol{n},\boldsymbol{a}\rangle$(图 19-3-6(1))，若 $\langle \boldsymbol{n},\boldsymbol{a}\rangle$ 为钝角，则 $\theta=\langle \boldsymbol{n},\boldsymbol{a}\rangle-\frac{\pi}{2}$(图 19-3-6(2))．

综上所述，得

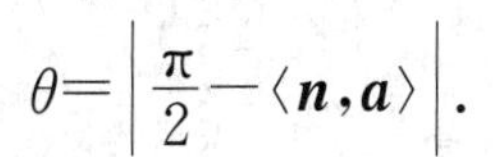

$$\theta=\left|\frac{\pi}{2}-\langle \boldsymbol{n},\boldsymbol{a}\rangle\right|.$$

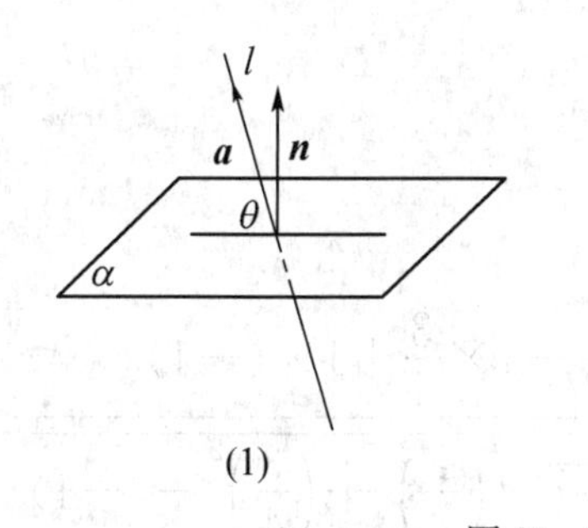

(1)

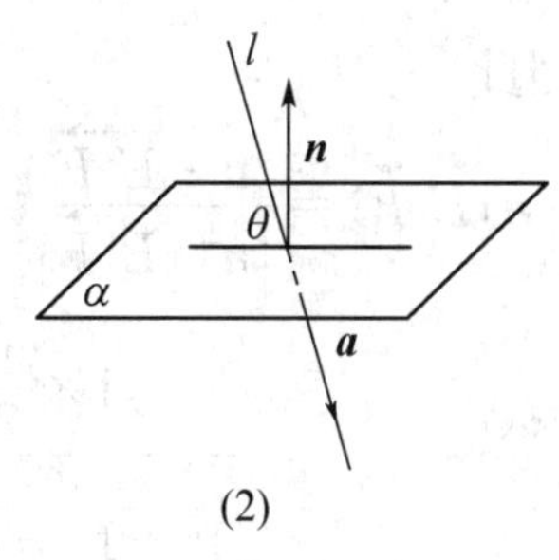

(2)

图 19-3-6

根据直线和平面垂直的判断定理，求一个平面的法向量，就是求与该平面内两条相交直线都垂直的直线的方向向量．

例 3　如图 19-3-7，在空间直角坐标系中，立方体

$ABCD-A_1B_1C_1D_1$ 的棱长为 1，F 是 BC 的中点，点 E_1 在 D_1C_1 上，且 $D_1E_1=\frac{1}{4}D_1C_1$. 求：

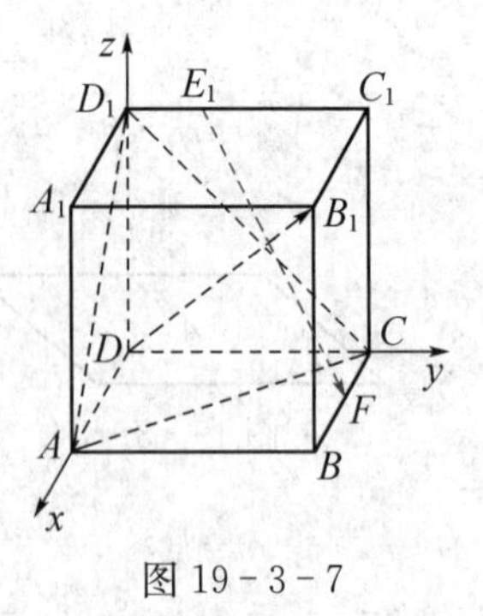

图 19-3-7

(1) 平面 D_1AC 的法向量；

(2) 直线 E_1F 与平面 D_1AC 所成角的大小.

解 (1) 因为 $A(1,0,0)$, $C(0,1,0)$, $D_1(0,0,1)$，故

$$\overrightarrow{AC}=(-1,1,0), \overrightarrow{AD_1}=(-1,0,1).$$

注意总结求平面法向量的代数方法.

又设平面 D_1AC 的法向量 $\boldsymbol{n}=(x,y,z)$，则 $\boldsymbol{n}\cdot\overrightarrow{AC}=0$, $\boldsymbol{n}\cdot\overrightarrow{AD_1}=0$，所以

$$\begin{cases}-1\cdot x+1\cdot y+0\cdot z=0,\\-1\cdot x+0\cdot y+1\cdot z=0,\end{cases}$$

解之，得 $x=y=z$，不妨取 $x=1$，则 $\boldsymbol{n}=(1,1,1)$.

(2) 因为 $E_1\left(0,\frac{1}{4},1\right)$, $F\left(\frac{1}{2},1,0\right)$，所以

$$\overrightarrow{E_1F}=\left(\frac{1}{2},\frac{3}{4},-1\right).$$

因此

$$\cos\langle\boldsymbol{n},\overrightarrow{E_1F}\rangle=\frac{\boldsymbol{n}\cdot\overrightarrow{E_1F}}{|\boldsymbol{n}||\overrightarrow{E_1F}|}$$

$$=\frac{1\times\frac{1}{2}+1\times\frac{3}{4}+1\times(-1)}{\sqrt{1^2+1^2+1^2}\sqrt{\left(\frac{1}{2}\right)^2+\left(\frac{3}{4}\right)^2+(-1)^2}}$$

$$=\frac{\sqrt{87}}{87},$$

所以，平面 D_1AC 的法向量 $\boldsymbol{n}$ 与 $\overrightarrow{E_1F}$ 所成的角的大小为 $\arccos\frac{\sqrt{87}}{87}$，从而直线 E_1F 与平面 D_1AC 所成角的大小

为$\frac{\pi}{2}-\arccos\frac{\sqrt{87}}{87}$.

例 4　如图 19-3-8,已知矩形 $ABCD$ 和矩形 $ADEF$ 所在的平面互相垂直,点 M, N 分别在对角线 BD,AE 上,且 $BM=\frac{1}{3}BD$,$AN=\frac{1}{3}AE$.

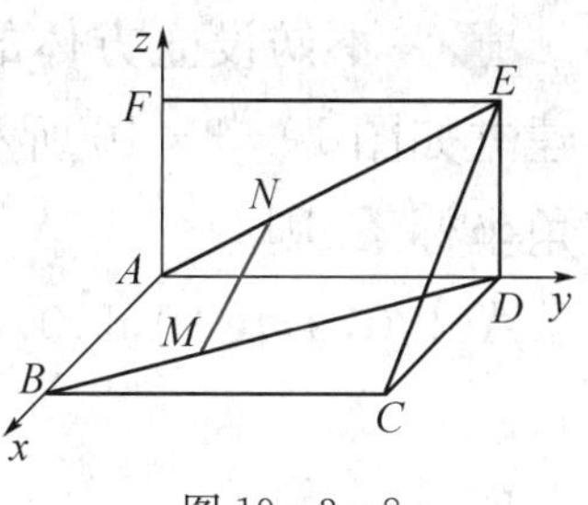

图 19-3-8

求证:MN∥平面 CDE.

证明　因为矩形 $ABCD$ 和矩形 $ADEF$ 所在的平面互相垂直,所以 AB,AD,AF 互相垂直,不妨设 AB,AD,AF 的长分别为 $3a$,$3b$,$3c$,建立如图所示的空间直角坐标系,则

$A(0,0,0)$,$B(3a,0,0)$,$D(0,3b,0)$,$F(0,0,3c)$,$E(0,3b,3c)$,$M(2a,b,0)$,$N(0,b,c)$.

因此　$\overrightarrow{NM}=(2a,0,-c)$.

又平面 CDE 的一个法向量是$\overrightarrow{AD}=(0,3b,0)$,由

$$\overrightarrow{NM}\cdot\overrightarrow{AD}=(2a,0,-c)\cdot(0,3b,0)=0,$$

得到　$\overrightarrow{NM}\perp\overrightarrow{AD}$.

由于 MN 不在平面 CDE 内,故 MN // 平面 CDE.

计算二面角或两个平面所成角的大小,可以通过两个平面的法向量来求得.

如图 19-3-9,设 $\boldsymbol{n}_1$,$\boldsymbol{n}_2$ 分别是平面 α,β 的法向量,则二面角 $\alpha-l-\beta$ 的平面角 θ 的大小与 $\langle\boldsymbol{n}_1,\boldsymbol{n}_2\rangle$ 相等或互补.

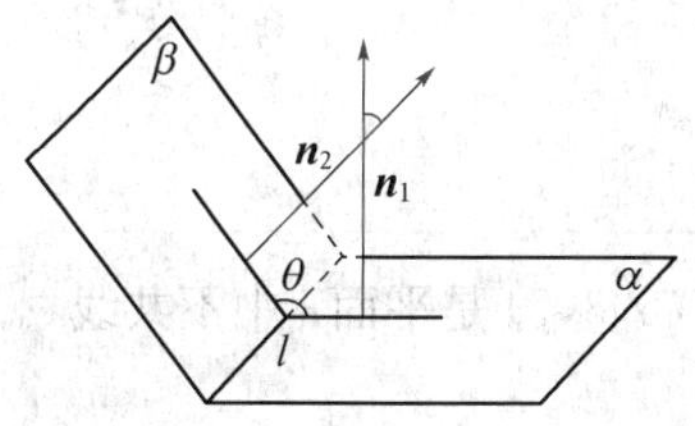

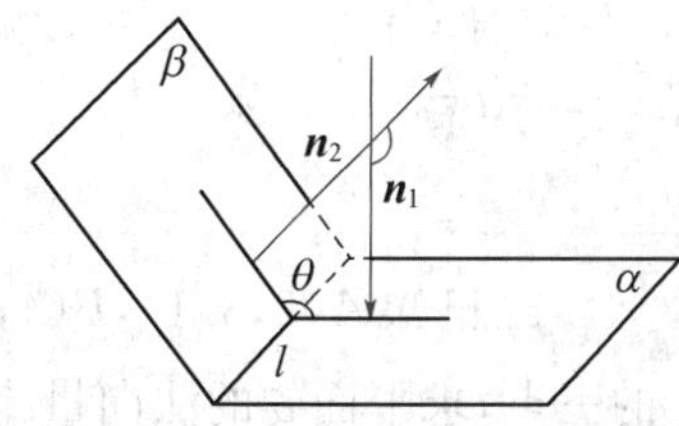

图 19-3-9

例 5　在立方体 $ABCD-A_1B_1C_1D_1$ 中，求二面角 A_1-AC-B_1 的大小.

> 向量 $\overrightarrow{DB}$ 是平面 ACA_1 的法向量吗? $\overrightarrow{BD_1}$ 呢?

解　不妨设立方体的棱长为 1,建立如图 19-3-10 所示的空间直角坐标系. 则

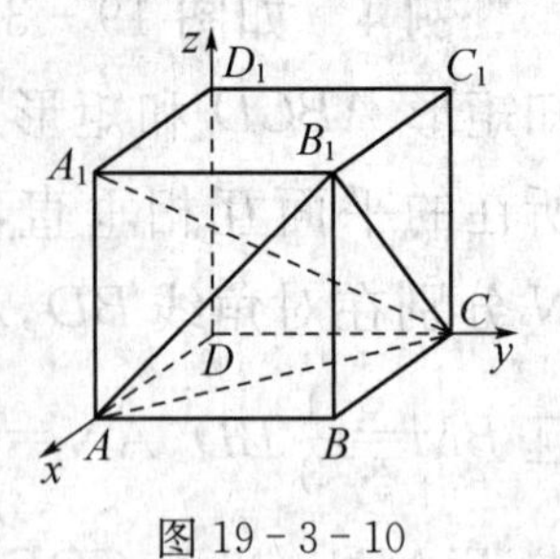

图 19-3-10

$A(1,0,0)$,$C(0,1,0)$,$A_1(1,0,1)$.

所以

$$\overrightarrow{AA_1}=(0,0,1),$$
$$\overrightarrow{AC}=(-1,1,0).$$

设平面 ACA_1 的法向量 $\boldsymbol{n}_1=(x,y,z)$,则由 $\boldsymbol{n}_1\cdot\overrightarrow{AA_1}=0$,$\boldsymbol{n}_1\cdot\overrightarrow{AC}=0$,有

$$\begin{cases}z=0,\\-x+y=0,\end{cases}$$

取 $x=1$,可得平面 ACA_1 的法向量 $\boldsymbol{n}_1=(1,1,0)$. 同理,平面 ACB_1 的法向量 $\boldsymbol{n}_2=(1,1,-1)$. 所以

$$\cos\langle\boldsymbol{n}_1,\boldsymbol{n}_2\rangle=\frac{\boldsymbol{n}_1\cdot\boldsymbol{n}_2}{|\boldsymbol{n}_1||\boldsymbol{n}_2|}$$
$$=\frac{1\times1+1\times1+0\times(-1)}{\sqrt{1^2+1^2+0^2}\sqrt{1^2+1^2+(-1)^2}}$$
$$=\frac{\sqrt{6}}{3}.$$

因此,二面角 A_1-AC-B_1 的大小为 $\arccos\frac{\sqrt{6}}{3}$.

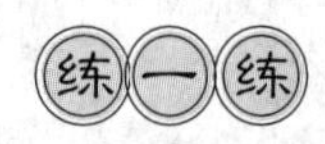

1. 已知 $A(2,3,1)$,$B(4,1,2)$,$C(6,3,7)$ 是平面 α 中不共线的三点,求平面 α 的法向量.

2. 在立方体 $ABCD-A_1B_1C_1D_1$ 中,向量 $\overrightarrow{AC_1}$ 是平面 CB_1D_1

的法向量吗？

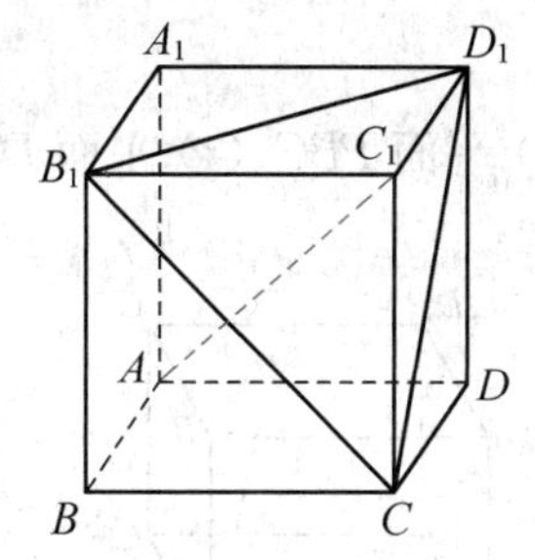

（第 2 题）

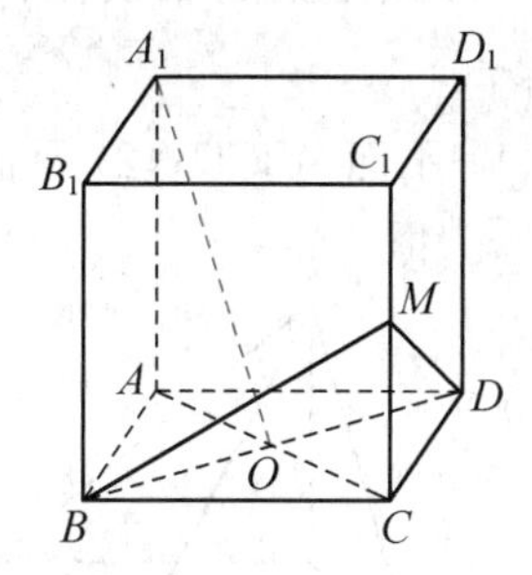

（第 3 题）

3. 如图，在立方体 $ABCD-A_1B_1C_1D_1$ 中，O 是 AC 与 BD 的交点，M 是 CC_1 的中点.

(1) 求证：$A_1O \perp$ 平面 MBD；

(2) 求二面角 $M-BD-C$ 的余弦值.

1. 设四边形 $ABCD$ 是矩形，$PD \perp$ 平面 AC，$PD = 3$，$AB = 5$，$BC = 4$，分别求下列异面直线所成角的大小：

(1) PC 与 AB；(2) PD 与 AB；(3) PA 与 BC.

2. 以等腰直角三角形斜边 BC 上的高 AD 为折痕，把 $\triangle ADB$ 和 $\triangle ADC$ 折成相互垂直的两个面，求证：

(1) $BD \perp AC$；(2) $\angle BAC = 60°$.

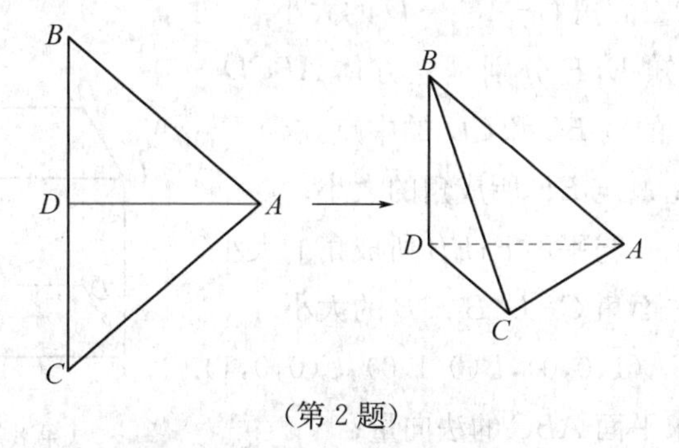

（第 2 题）

3. 在空间四边形 $ABCD$ 中，已知 $AB \perp CD$，$AC \perp BD$，求证：$AD \perp BC$.

4. 已知 $PA \perp$ 平面 $ABCD$，四边形 $ABCD$ 为正方形，且 $PA = AB = 3$，试建立适当的空间直角坐标系，分别求下列平面的法向量：

(1) 平面 $ABCD$；(2) 平面 PAB；(3) 平面 PBC；(4) 平面 PCD.

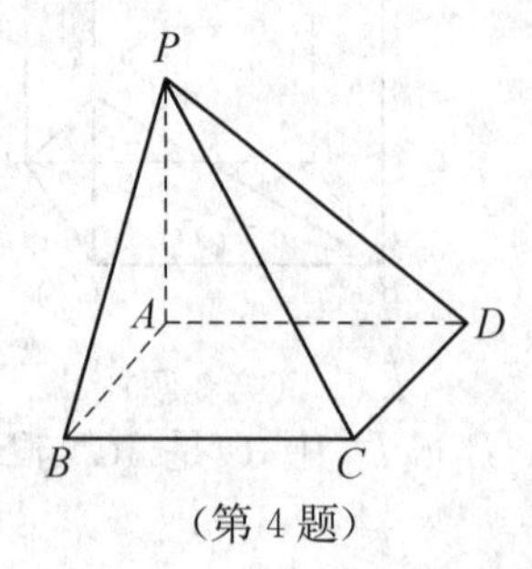

(第 4 题)

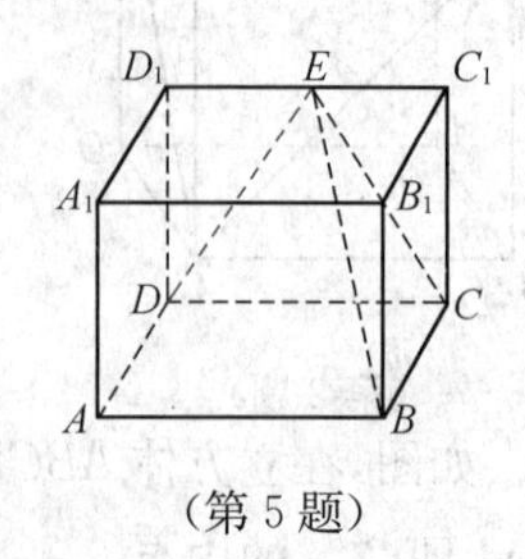

(第 5 题)

5. 在长方体 $ABCD-A_1B_1C_1D_1$ 中，$AD = AA_1$，$AB = 2AD$，点 E 是线段 C_1D_1 的中点，求证：$DE \perp$ 平面 EBC.

6. 在立方体 $ABCD-A_1B_1C_1D_1$ 中，求 AC_1 与平面 $ABCD$ 所成角的余弦值.

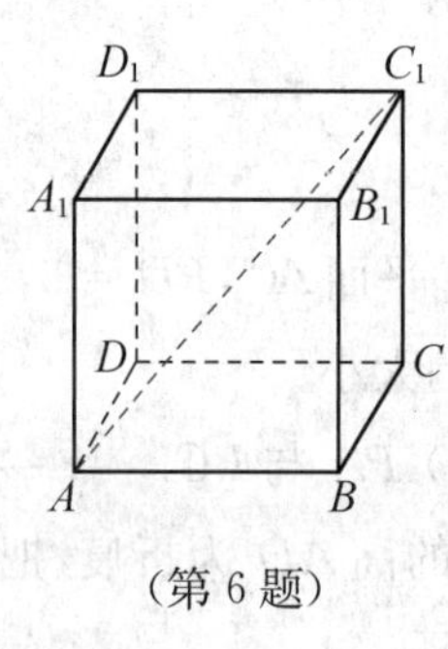

(第 6 题)

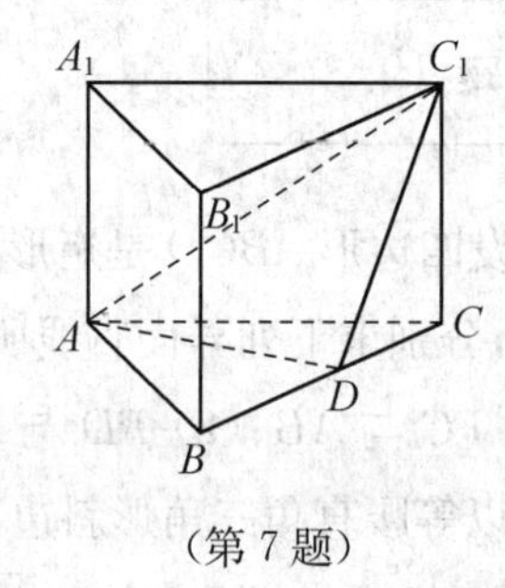

(第 7 题)

7. 已知正三棱柱 $ABC-A_1B_1C_1$ 的各棱长均相等，点 D 为 BC 的中点，求二面角 $C-AC_1-D$ 的大小.

8. 已知 E, F 分别是立方体 $ABCD-A_1B_1C_1D_1$ 的棱 BC 和 CD 的中点，求：

(1) A_1D 与 EF 所成角的大小；

(2) A_1F 与平面 B_1EB 所成角的大小；

(3) 二面角 $C-D_1B_1-B$ 的大小.

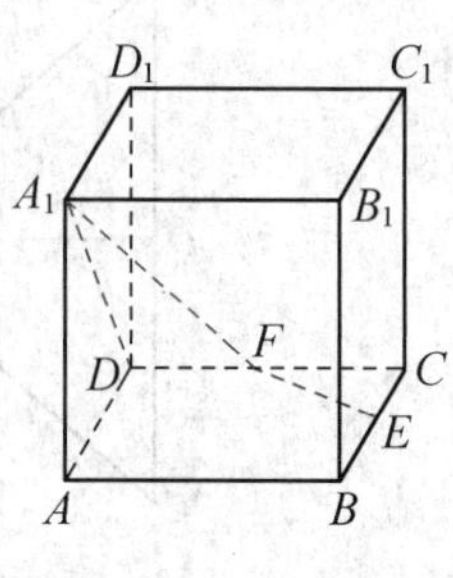

(第 8 题)

9. 设 $A(1,0,0)$，$B(0,1,0)$，$C(0,0,1)$.

(1) 求平面 ABC 的法向量；

(2) 若 $P(x,y,z)$ 是平面 ABC 上的任意一点，求 x,y,z 满足的关系式；

(3) 求空间一点 $Q(x_0, y_0, z_0)$ 到平面 ABC 的距离.

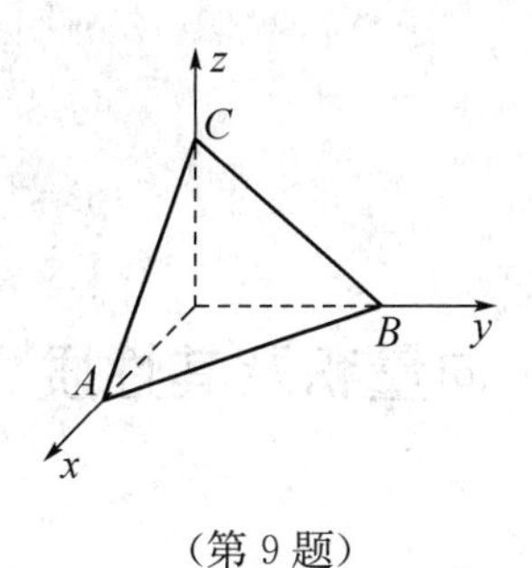

(第 9 题)

向量积及其性质

向量积，是向量的又一种重要运算，利用它可以便捷地解决空间内与垂直、面积相关的诸多问题.

> 由(3)知，向量 $\boldsymbol{a}\times\boldsymbol{b}$ 的大小等于以 $\boldsymbol{a},\boldsymbol{b}$ 为邻边的平行四边形面积.

如图 1，设 $\boldsymbol{a},\boldsymbol{b}$ 为两个不共线的空间向量，则它们的向量积 $\boldsymbol{a}\times\boldsymbol{b}$ 是一个向量 $\boldsymbol{c}$，且满足下列条件：

(1) 同时垂直于 $\boldsymbol{a}$ 和 $\boldsymbol{b}$；

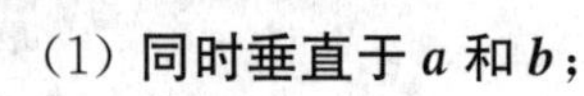

(2) 向量 $\boldsymbol{a},\boldsymbol{b},\boldsymbol{c}$ 构成右手系；

(3) $|\boldsymbol{c}|=|\boldsymbol{a}||\boldsymbol{b}|\sin\langle\boldsymbol{a},\boldsymbol{b}\rangle$.

图 1

向量的向量积满足以下运算律：

(1) $\boldsymbol{a}\times\boldsymbol{b}=-\boldsymbol{b}\times\boldsymbol{a}$；

(2) $(\lambda\boldsymbol{a})\times\boldsymbol{b}=\lambda(\boldsymbol{a}\times\boldsymbol{b})$；

(3) $(\boldsymbol{a}+\boldsymbol{b})\times\boldsymbol{c}=\boldsymbol{a}\times\boldsymbol{c}+\boldsymbol{b}\times\boldsymbol{c}$.

在空间直角坐标系 $O\text{-}xyz$ 中，$\boldsymbol{i},\boldsymbol{j},\boldsymbol{k}$ 分别是与 x 轴，y 轴，z 轴同向的单位向量，显然

$$\boldsymbol{i}\times\boldsymbol{i}=\boldsymbol{0},\ \boldsymbol{j}\times\boldsymbol{j}=\boldsymbol{0},\ \boldsymbol{k}\times\boldsymbol{k}=\boldsymbol{0};$$

$$\boldsymbol{i}\times\boldsymbol{j}=\boldsymbol{k},\ \boldsymbol{j}\times\boldsymbol{k}=\boldsymbol{i},\ \boldsymbol{k}\times\boldsymbol{i}=\boldsymbol{j}.$$

如果 $\boldsymbol{a}=(x_1,y_1,z_1)$，$\boldsymbol{b}=(x_2,y_2,z_2)$. 则

$$\begin{aligned}\boldsymbol{a}\times\boldsymbol{b}&=(x_1\boldsymbol{i}+y_1\boldsymbol{j}+z_1\boldsymbol{k})\times(x_2\boldsymbol{i}+y_2\boldsymbol{j}+z_2\boldsymbol{k})\\&=(y_1z_2-y_2z_1)\boldsymbol{i}+(z_1x_2-z_2x_1)\boldsymbol{j}\\&\quad+(x_1y_2-x_2y_1)\boldsymbol{k}.\end{aligned}$$

记 $\begin{vmatrix}a & b\\ c & d\end{vmatrix}=ad-bc$.

得

$$\boldsymbol{a}\times\boldsymbol{b}=\left(\begin{vmatrix}y_1 & z_1\\ y_2 & z_2\end{vmatrix},\begin{vmatrix}z_1 & x_1\\ z_2 & x_2\end{vmatrix},\begin{vmatrix}x_1 & y_1\\ x_2 & y_2\end{vmatrix}\right).$$

有了向量积，可以方便地计算平面的法向量和平面图形的面积.

设立方体 $ABCD-A_1B_1C_1D_1$ 的棱长为 1，建立如图 2 所示的直角坐标系，则

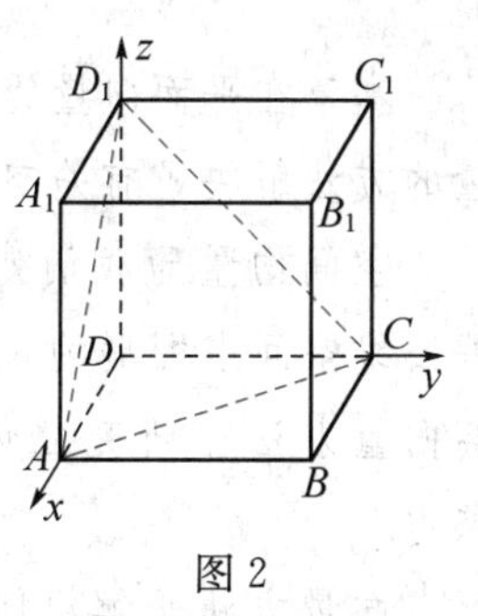

图 2

$A(1,0,0)$，$C(0,1,0)$，$D_1(0,0,1)$，$\overrightarrow{AC}=(-1,1,0)$，$\overrightarrow{AD_1}=(-1,0,1)$，因此平面 ACD_1 的法向量

$$\boldsymbol{n}=\overrightarrow{AC}\times\overrightarrow{AD_1}=\left(\begin{vmatrix}1 & 0\\ 0 & 1\end{vmatrix},\begin{vmatrix}0 & -1\\ 1 & -1\end{vmatrix},\begin{vmatrix}-1 & 1\\ -1 & 0\end{vmatrix}\right)$$

$$=(1,1,1).$$

三角形 ACD_1 的面积为

$$S_{\triangle ACD_1}=\frac{1}{2}\left|\overrightarrow{AC}\times\overrightarrow{AD_1}\right|$$

$$=\frac{1}{2}\sqrt{1^2+1^2+1^2}=\frac{1}{2}\sqrt{3}.$$

本章小结

本章在平面向量的基础上，学习空间向量及其运算，并运用向量的方法解决了有关空间直线、平面的平行、垂直和夹角问题.

空间向量为我们处理立体几何问题提供了新的视角，它是解决三维空间中图形的位置关系与度量问题的有效工具. 我们要体会向量方法在研究立体几何图形中的作用，进一步发展空间想象力.

向量方法是解决问题的一种重要方法，坐标法是研究向量问题的有力工具. 利用空间向量的坐标表示，可以把向量问题转化为代数运算，从而沟通了几何与代数的联系，体现了数形结合的重要数学思想.

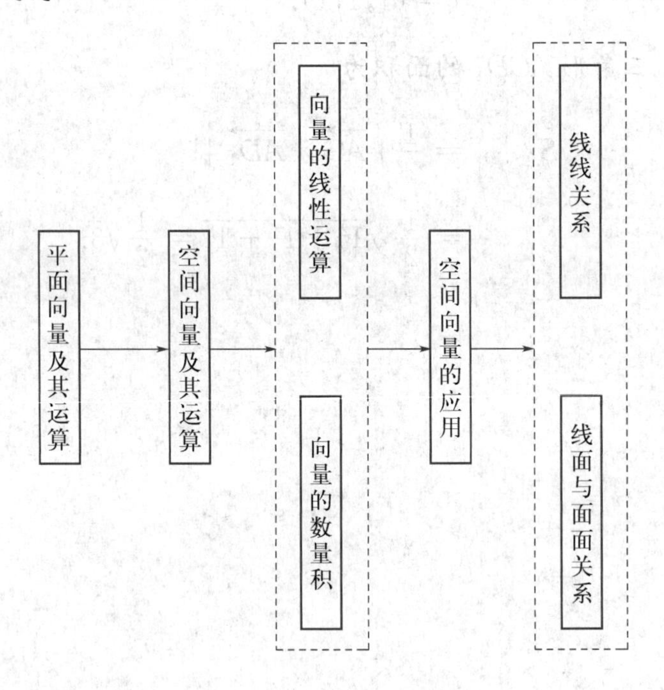

复习参考题

A　组

1. 如图，空间四边形 $OABC$ 中，$\overrightarrow{OA}=\boldsymbol{a}$，$\overrightarrow{OB}=\boldsymbol{b}$，$\overrightarrow{OC}=\boldsymbol{c}$，点 M 在 OA 上，且 $OM=2MA$，点 N 是 BC 的中点，则 $\overrightarrow{MN}$ 等于(　　)

A. $\frac{1}{2}\boldsymbol{a}-\frac{2}{3}\boldsymbol{b}+\frac{1}{2}\boldsymbol{c}$　　B. $-\frac{2}{3}\boldsymbol{a}+\frac{1}{2}\boldsymbol{b}+\frac{1}{2}\boldsymbol{c}$

C. $\frac{1}{2}\boldsymbol{a}+\frac{1}{2}\boldsymbol{b}-\frac{1}{2}\boldsymbol{c}$　　D. $\frac{2}{3}\boldsymbol{a}+\frac{2}{3}\boldsymbol{b}-\frac{1}{2}\boldsymbol{c}$

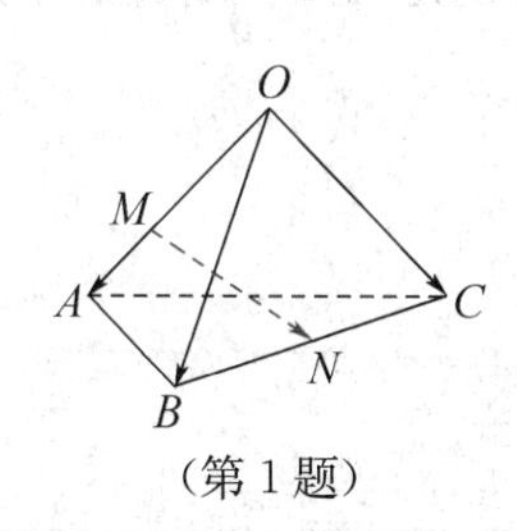

(第 1 题)

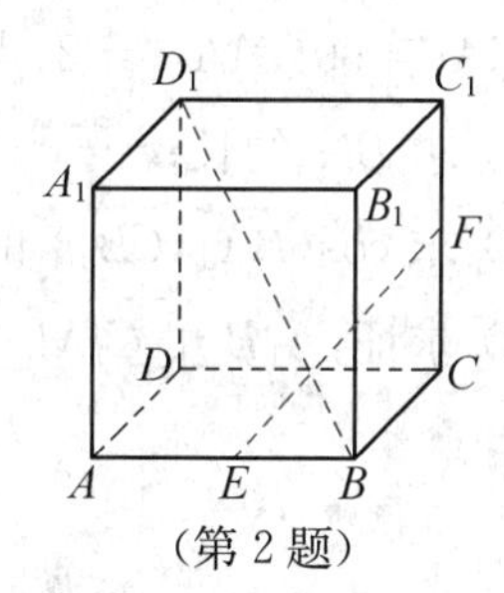

(第 2 题)

2. 如图，在立方体 $ABCD-A_1B_1C_1D_1$ 中，E，F 分别是棱 AB，CC_1 的中点，求直线 EF 与 BD_1 所成的角.

3. 如图，正三棱锥 $ABC-A_1B_1C_1$ 的底面边长为 a，侧棱长为 $\sqrt{2}a$.

(1) 试建立适当的坐标系，并写出各顶点的坐标；

(2) 求 AC_1 与侧面 ABB_1A_1 所成的角.

(第 3 题)

4. 已知空间三点 $A(0,2,3)$，$B(-2,1,6)$，$C(1,-1,5)$.

(1) 求以 AB，AC 为边的平行四边形的面积；

(2) 若向量 $\boldsymbol{a}$ 分别与 $\overrightarrow{AB}$，$\overrightarrow{AC}$ 垂直，且 $|\boldsymbol{a}|=\sqrt{3}$，求向量 $\boldsymbol{a}$ 的坐标.

5. 已知向量 $\boldsymbol{a}=(1,1,0)$，$\boldsymbol{b}=(-1,0,2)$，且 $k\boldsymbol{a}+\boldsymbol{b}$ 与 $2\boldsymbol{a}-\boldsymbol{b}$ 互相垂直，求 k 的值.

6. 如图，在棱长为 1 的正方体 $ABCD-A_1B_1C_1D_1$ 中，点 E、F、G 分别是 DD_1、BD、BB_1 的中点.

(1) 求证：$EF\perp CF$；

(2) 求 EF 与 CG 所成角的余弦值；

(3) 求 CE 的长.

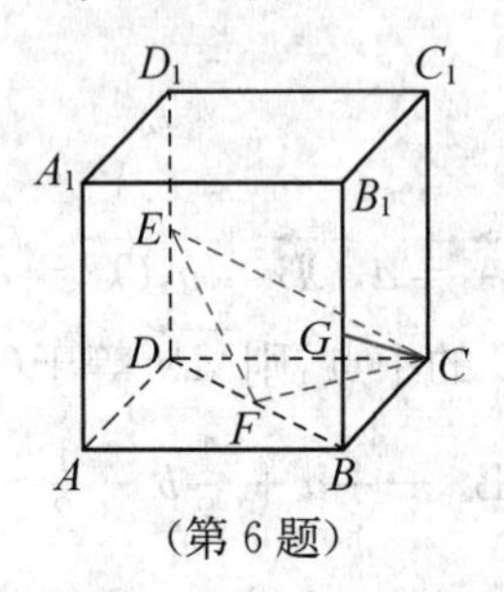

（第 6 题）

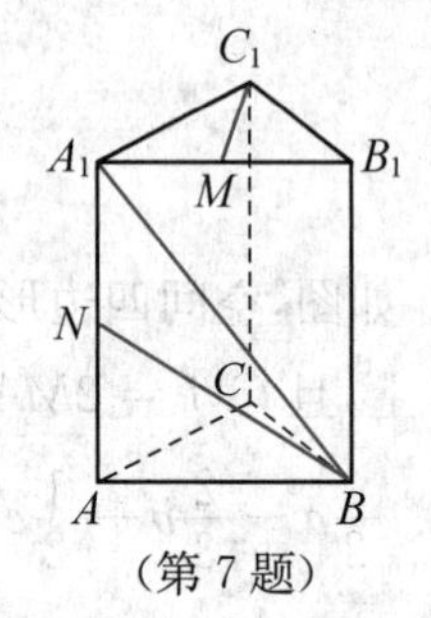

（第 7 题）

7. 如图，在直三棱柱 $ABC-A_1B_1C_1$ 的底面 ABC 中，$CA=CB=1$，$\angle BCA=90^\circ$，$AA_1=2$，点 M，N 分别是 A_1B_1，A_1A 的中点.

(1) 求 BN 的长；

(2) 求 $\cos\langle\overrightarrow{BA_1},\overrightarrow{CB_1}\rangle$ 的值；

(3) 求证：$A_1B\perp C_1M$.

B　组

8. 如图，点 E、F、G、H 分别是空间四边形 $ABCD$ 的边 AB、BC、CD、DA 的中点.

(1) 求证：E、F、G、H 四点共面；

(2) 求证：BD // 平面 $EFGH$；

(3) 设 M 是 EG 和 FH 的交点，求证：对于空间任意一点 O，有

$$\overrightarrow{OM}=\frac{1}{4}(\overrightarrow{OA}+\overrightarrow{OB}+\overrightarrow{OC}+\overrightarrow{OD}).$$

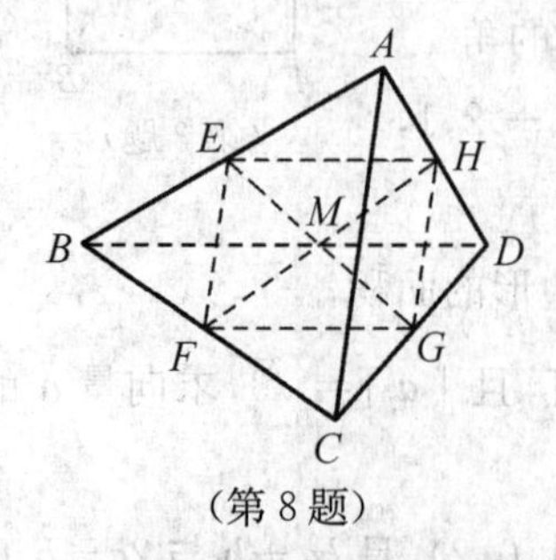

（第 8 题）

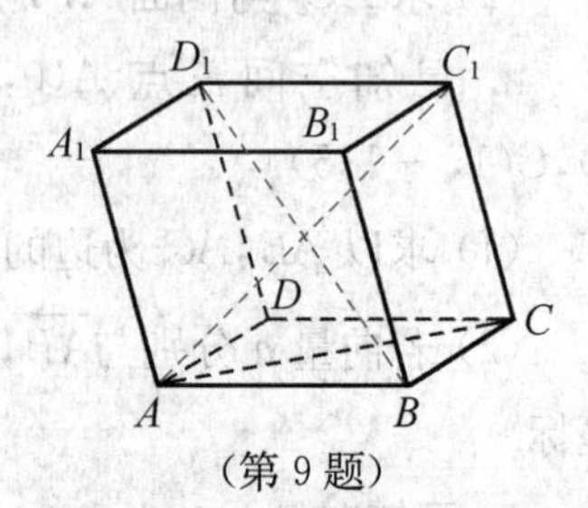

（第 9 题）

9. 如图，在平行六面体 $ABCD-A_1B_1C_1D_1$ 中，底面是边长为

a 的正方形，侧棱的长为 b，且 $\angle A_1AB = \angle A_1AD = 120°$. 求：

(1) AC_1 的长；

(2) 直线 BD_1 与 AC 夹角的余弦值.

10. 如图，在四棱锥 $S-ABCD$ 中，底面 $ABCD$ 是直角梯形，AB 垂直于 AD 和 BC，侧棱 $SA \perp$ 底面 $ABCD$，且 $SA = AB = BC = 2$，$AD = 1$.

(1) 求四棱锥 $S-ABCD$ 的体积；

(2) 求平面 SCD 与平面 SAB 所成角的大小.

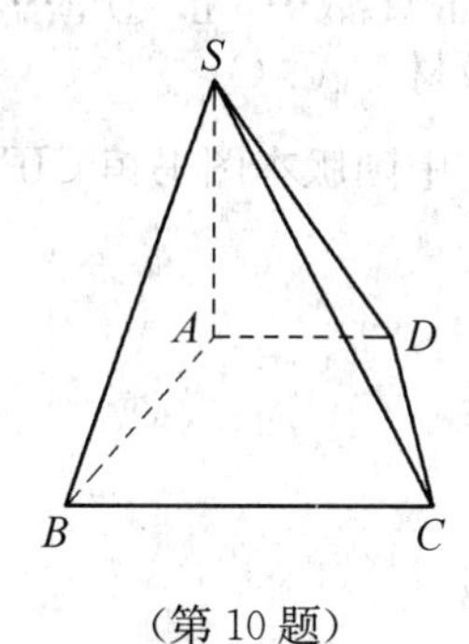

(第10题)

图书在版编目(CIP)数据

数学.三年级.下册 / 章飞主编.—南京:南京大学出版社,2019.12(2022.1 重印)

ISBN 978-7-305-22666-3

Ⅰ. ①数… Ⅱ. ①章… Ⅲ. ①数学—高等师范院校—教材 Ⅳ. O1

中国版本图书馆 CIP 数据核字(2019)第 249729 号

出版发行　南京大学出版社
社　　址　南京市汉口路 22 号　　　邮　编 210093
出 版 人　金鑫荣

书　　名　数学　三年级　下册
主　　编　章　飞
责任编辑　田　甜　吴　汀　　　编辑热线　025-83595840

照　　排　南京开卷文化传媒有限公司
印　　刷　扬州皓宇图文印刷有限公司
开　　本　787×1 092　1/16　印张 12　字数 215 千
版　　次　2019 年 12 月第 1 版　　2022 年 1 月第 2 次印刷
ISBN　978-7-305-22666-3
定　　价　40.00 元

网　　址:http://www.njupco.com
官方微博:http://weibo.com/njupco
官方微信号:njupress
销售咨询热线:(025)83594756